全方位房屋修繕指南

118 支影片 + 文圖解說

搞定房屋疑難雜症不求人

姜師傅五金　姜泰雲◎著

【前言】

為自己的家 動手修繕

「抽風機壞了。請幫忙換新。」

「水槽好像堵住。請過來看一下。」

就像生病會去醫院一樣，如果房屋有些小故障，往往會請專人維修。筆者 25 年來經營一間小小的五金行，經常遇到諸如此類的請求。到現場看的話，狀況五花八門。汰舊換新未必是最佳辦法，許多情形是稍微修理一下，還能用上多年綽綽有餘。房屋維修，真是非常有趣的工作。

若是些微故障，在請專人維修之前，建議不妨先自己修修看，然而，市面上尚無可供參考的書籍、可學習技術的地方。因此，筆者開設 YouTube 頻道，想與大眾分享自己習得的現場經驗、讓維修更簡易的要領。雖然筆者不熟悉影片製作，但還是努力堅持下去，避免錯失任何小小的經驗分享。而且，很感謝的是，不少人還找上門想學房屋維修，筆者甚至為此開設講座。

房子是人的生活基地。我認為，把房屋修得安全堅固，生活會更踏實、更幸福。如果能夠親自修繕自己的房子，意義更是無可比擬。

房屋維修也是一門值得推薦的行業。若要在百歲時代選擇職業，房屋維修工作堪稱不二之選。因為無論什麼樣的房子，隨著歲月流逝，不免都會變得老舊，發生故障。

筆者接到本書的出版提議時，起初沒有信心而頗為猶豫。但轉念一想，如果把這段時間的影片好好整理，對於想要學習房屋維修技術的人來說，應該是一本不錯的教科書，對於一般人來說，也能像「急救箱」一樣提供實用資訊，於是鼓起勇氣執筆。盼望透過本書，各位讀者能夠親手維修親愛家人居住的珍貴房子，領略箇中喜悅。

姜師傅
姜泰雲

目錄 Contents

Chapter

1

所需工具與基本認識

想要親手維修房屋，簡單的工具箱是基本配備，但是若要發揮
工具箱的完整功能，就必須熟練掌握正確的工具使用方法與常
用的基本技術。本章將維修房屋所需的工具、材料、工具的正
確使用方法和基本技術完整呈現。

房屋維修所需基本工具

捲尺

韓國製捲尺的寬度較寬,測量長度時不會捲曲,十分方便。宜選用帶鎖定裝置,長 3～5 公尺的捲尺。

美工刀

用於剪切、刮削材料等多種用途,宜選擇堅固的美工刀。尺寸有大、中、小型,不過,只要 1 把大型美工刀就足夠。為避免刀片生鏽,務必收在專用盒,密封保管。推薦韓國多樂可（Dorco）美工刀。

鎚子

鎚子有各種樣式和尺寸,使用最為廣泛的是羊角鎚,羊角設計可勾拉釘子。握柄最好選用具一定重量感的木柄或橡膠柄。

鋸子

根據薄合板、木棍、PVC 等不同材質、割鋸的不同厚度,適用的鋸子種類也不同。

多功能萬用鋸 |

鋸片有很多種,如線鋸等,可裝上適當的鋸片後使用。適用於鋸木材、鐵、PVC 等。

鼠尾鋸 |

常用於鋸石膏板。易於彎曲,曲線割鋸更便利。

折合鋸 |

最常用於鋸木板或木材。

螺絲起子

維修房屋時，幾乎無處不用螺絲。為了旋鬆和鎖緊螺絲，一字型螺絲起子和十字螺絲起子是必備的。選用握感沉重、六角形的手柄，握起來穩固好施力。兩端各為一字型和十字型，長度伸縮可調的雙向螺絲起子也很實用。細小螺絲適用的精密螺絲起子，最好也備有便宜的套裝組一組。

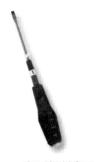

一字型螺絲起子

十字型螺絲起子

雙向螺絲起子

精密螺絲起子套裝組

六角扳手

鎖緊或旋鬆內六角孔螺絲所需的 L 字型扳手。請購買由各種尺寸組成的套裝組。

鋼絲鉗（老虎鉗）

用於切剪或彎折鐵絲或電線。用力壓可以壓扁材料。

斜口鉗

刀口一開一閉，用於切剪電線或剝除電線外皮。

尖嘴鉗

鉗子的一種，又稱尖口鉗。用於折彎、拉、夾等多種用途。在手伸不進的地方，要夾小零件的作業會需要。用鎚子釘釘子時，如果夾在尖嘴鉗上作業，就不用擔心會傷到手。

多功能剪刀

可代替斜口鉗，用以切剪電線或剝除外皮的通用剪刀。價格低廉又輕便，建議備有一只。

活動扳手

用於鉗住六角螺帽，將螺帽旋鬆或鎖緊。根據尺寸有長型、短型，價格也多樣，不必一定要選購貴的。

水管鉗

修理、更換水管時的必備工具，又稱「水泵鉗」。功能與活動扳手類似，但使用上更簡單多樣。12 英寸（30 公分）左右即可。

萬能鉗

水管老舊而螺帽無法順利轉動，或者螺帽與水管一起轉動會有腐蝕破損的風險時，用以緊緊鉗住水管。又稱大力鉗。

管子鉗

活動扳手或水管鉗。用以旋鬆或鎖緊螺帽，而管子鉗的用途，則是鉗住固定或轉動無螺帽的水管。一般家庭沒有備置也無妨。

矽利康槍

插入矽利康劑，像槍一樣施打與抹上矽利康的工具。

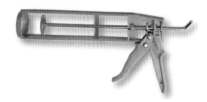

一般型矽利康槍 |
各種矽利康皆可使用，唯香腸包矽利康除外。

附切刀的矽利康槍 |
內建切刀，可切割矽利康的圓錐蓋和膠嘴。

電鑽

電鑽是用於固定或旋鬆螺絲和螺栓，以及木材、水泥等鑽孔的工具。推薦裝有電池的充電式家用電鑽。

一般型電鑽 |

可以調整速度，雖然螺絲起子功能不如充電式電鑽多樣，卻比充電式電鑽更強而有力，可供長時間穿鑿水泥牆面使用。價格比充電式電鑽便宜，但因為有電線，移動時使用不便。

充電式電鑽 |

電鑽夾頭可插入多種鑽頭使用，適用於固定或旋鬆螺絲或螺栓，而且可以變更為電鑽模式，在木材或薄鋼板上鑽孔。鎚鑽功能用於穿鑿水泥牆。依產品不同，無鎚鑽功能的情形也有。

充電式鎚鑽 |

擁有一般型電鑽的所有功能，若設定為鎚鑽功能，可以垂直擊打鑽頭，穿鑿水泥、大理石、瓷磚。

震動電鑽 |

只能插入一種鑽頭，若要插入不同尺寸的鑽頭，必須另外安裝套筒。鎚鑽採垂直擊打，而震動電鑽採旋轉擊打，所以特別適合需要用力固定或旋鬆長型螺帽與螺栓的作業。雖然適用於木材或鋼板鑽孔，但很難穿鑿水泥牆。比起一般家用，更適合木工或室內裝潢專家使用。

電鑽鑽頭

根據用途插入電鑽使用的零件，大致有螺絲起子鑽頭和鑽孔鑽頭兩種。

螺絲起子鑽頭 |

螺絲起子鑽頭是在固定或旋鬆螺絲時，插入電鑽使用。依照用途、長短粗細各有不同，建議購買套裝組。

鑽孔鑽頭 |

在木材、鋼板、牆壁上鑽孔時插入電鑽使用的刀具，又稱「kiri」（源於日語きり）。最前端的切削刀刃用途是擊打，身上刻有溝槽，鑽孔時會將產生的粉末向外排出。建議購置性能良好、符合各種需求的套裝組，優於價廉的套裝組。

• 水泥鑽頭

外觀與瓷磚鑽頭類似，但末端較扁。將電鑽設定為鎚鑽功能後作業。

• 瓷磚鑽頭

可以在浴室瓷磚和瓷磚後面的水泥牆面上鑽孔。穿鑿瓷磚時，先用鑽孔功能穿鑿，再轉換為鎚鑽功能。

• 鐵工鑽頭

用於防火門、鋼板等鑽孔。長時間使用的話，可能會發熱，刀刃變鈍，建議中間不時將刀刃浸泡冷水冷卻。

• 不鏽鋼鑽頭

不鏽鋼專用，鐵工鑽孔亦可。

刮刀

經常又稱「hera」（源於日語へら），主要用於刮除牆壁或地板上的異物，也可以用於修整表面或填孔。產品種類繁多，從便宜的基本型到可更換刀刃的產品、可調整長度的產品都有。

一般型刮板 |

多用途刮板，有塑膠、鋼材等多種材質。

矽利康專用刮刀 |

用於塗抹和整平矽利康。經常又稱「hera」（源於日語へら），尺寸多樣。

刀片可換式刮刀 |

將刀片插在密合的固定帶之間使用。

伸縮型刮刀 |

用於刮除天花板等高處的異物。地板作業時也能站著做，很方便。

砂紙

主要用於上漆前去除表面異物，整平光滑。又稱砂布，從極細到粗糙不等。砂紙的粗糙程度以號數表示，號數指的是填滿相同面積的砂粒數，數字越大代表砂紙越細。有布和紙兩種材質，砂布的耐久性佳，砂紙則方便裁切使用。

絕緣手套

電氣設備作業時防止觸電。橡膠製、塗層等種類繁多，居家使用時，只要手掌部分有塗層就很方便。手套以服貼不滑手為佳，還要檢查塗層部分有無破洞或裂痕。

房屋維修常用基本材料

螺絲

大致分為木工專用螺絲、鐵工專用螺絲、不鏽鋼專用螺絲。鐵工專用螺絲可以用於木工，但不能用於不鏽鋼。不鏽鋼專用螺絲可用於所有材質。

木工專用螺絲　　　　**鐵工專用螺絲**　　　　**不鏽鋼專用螺絲**

膨脹螺絲（壁虎）

又稱安卡錨栓。安卡（anchor）即錨的意思，像錨一樣將想要安裝的物品扣定在牆壁上。由於材質、尺寸等種類多樣，可視用途選用。常用的是套管式膨脹螺絲和內牙式膨脹螺絲。

套管式膨脹螺絲｜

由螺帽、華司（華司 Washer，又稱墊片，主要功能是增加間隙之間的厚度、增加接觸面積或保護接觸兩面的組件，藉以達到防鬆、減震、避免傷害機件本體等功能。）等一套組成的膨脹螺絲。在水泥上鑽孔，放入膨脹螺絲後，用壁虎打擊器（Anchor Punch，為桿型的打擊輔助器，一端套在膨脹螺絲上方，另一端為鎚子的打擊點或插在電鑽上，輔助鎚子或電鑽將膨脹螺絲打進水泥牆。）固定好。架上欲安裝的物品，穿入螺帽和華司，然後鎖緊。

內牙式膨脹螺絲｜

用於水泥牆，內有螺紋，可插入全螺紋螺栓（從頭到尾都有螺紋的螺栓）、六角螺栓、吊環螺栓。主要用於空調安裝、招牌、隔板工程等。

石膏膨脹螺絲 |

比一般螺絲粗，有螺紋，
專用於支撐力高的石膏
牆。施工簡易，經常使用。

板材擴張壁虎 |

石膏板用膨脹螺絲。首先
在石膏板上鑽孔，摺疊雙
翅穿入後，釘上螺絲，翅
膀就會張開，提高支撐力。

Tow 膨脹螺絲 |

性能近似中空膨脹螺絲，不
僅可以用於石膏板，也可以
用於背後懸空的面板、合板
等。將螺絲與外覆的展開體
一起釘，抽出螺絲，掛上環
扣等，再次釘上螺絲，展開
體就會摺疊，固定掛在石膏
板或合板後方。

塑膠壁虎

牆上釘釘子時，塞在牆壁與釘子之間，讓釘子能夠牢牢固定。由於種類繁多，
宜根據牆壁的材質、固定物品的重量選用。主要使用的一般壁虎為直徑 6 公釐，
長 37 公釐、40 公釐、50 公釐。

絕緣膠帶

用於纏繞或連接剝去外皮
的電線。膠帶拉用時要纏
緊。為能區分多股電線，
膠帶有多種顏色。

止洩帶

P.T.F.E. 鐵氟龍材質。作用是
讓連接的管道緊密結合。如
果管道的螺紋沒有橡膠密封
墊圈，務定要用止洩帶纏繞
15～20 圈以上，才不會漏水。

接著劑

依木材、鐵材等不同材質
而有各種接著劑。一般家
庭只要備有一兩種即可。

氯乙烯（PVC）塑膠專用強力接著劑　　　　**多用途瞬間接著劑**

PU 發泡填縫劑

噴劑式填充物。用於屋頂、窗框縫隙、破洞牆面等，隔熱、隔音效果佳。等膨脹的泡沫完全乾後，再用美工刀裁切整平。

矽利康

根據用途有不同種類。一般使用的類型是切開圓錐蓋，插上膠嘴後，安裝至矽利康槍上作業。也有的類型是不用槍，可以直接擠在施工部位。

中性矽利康|

無臭味的通用矽利康，顏色種類多樣。

水性矽利康|

即水性壓克力填縫劑，用於壁紙填縫等，乾燥後可上漆。

PC 板專用矽利康|

外部設置 PC 聚碳酸酯或塑膠專用矽利康。

PU 矽利康|

屋頂防水工程時，用以填補裂縫。可上漆。

防霉矽利康|

浴室常用的防霉性能矽利康。

香腸包矽利康|

窗戶專用矽利康，用於外部窗框和牆面之間的縫隙施工。

耐熱矽利康|

用於填補鍋爐煙囪接合部位的縫隙。

軟管矽利康|

不用矽利康槍，直接擠用施工，十分便利。施工面積小時使用。

操作基本技術

·水泥牆上釘釘子

用鎚子在牆上釘釘子，並非一件容易的工作。如果從一開始就用力敲，很可能會釘歪而傷到手。要領是一開始輕輕敲，釘到位後再敲打固定。

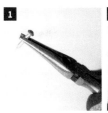
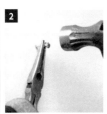

❶ 用尖嘴鉗抓住水泥用釘子。通常使用長 25 公釐（1 英寸）的釘子。

❷ 用鎚子慢慢敲，一開始輕輕敲打，等釘到位後再用力敲釘。

❸ 釘子打進約 ⅓ ～ ½ 左右，差不多就可以掛上相框或衣架。用手抓住搖一搖，確認是否穩固。

+ plus 無尖嘴鉗時

用尚未掰開的一雙竹筷替代尖嘴鉗，把釘子夾在筷子之間再釘。徒手捏著釘子釘有受傷的風險，絕對不可以這麼做。

使用專為新手設計的「多功能萬用鎚」，也是一種方法。這種鎚子前端可插上釘子，用鎚子敲打釘子頭，這樣釘起來更容易。

・電鑽的使用

電鑽是房屋維修的必備工具，用途各式各樣。若是低價產品，套組附有的鑽孔鑽頭性能較差，建議每次需要時，鑽頭個別購入。

電鑽的構造

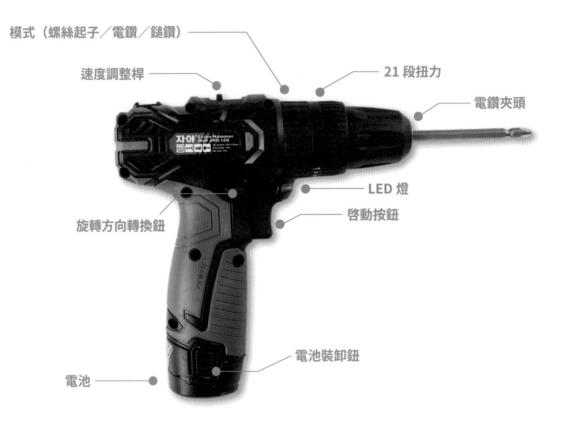

模式（螺絲起子／電鑽／鎚鑽）

速度調整桿

21 段扭力

電鑽夾頭

LED 燈

啓動按鈕

旋轉方向轉換鈕

電池裝卸鈕

電池

三種功能

螺絲起子模式 |

插上螺絲起子鑽頭，鎖緊或旋鬆螺絲時使用。

電鑽模式 |

插上鑽孔鑽頭，在木材、鐵、石膏、瓷磚等上鑽孔時使用。

鎚鑽模式 |

一邊旋轉，一邊垂直打擊，在水泥上鑽孔時使用。

扭力設定

扭力是按照螺絲尺寸調整力道，以保護螺絲頭和承受負荷的功能。大部分共分為 21 段。

調整轉速

用電鑽上面的速度調整桿來調整轉速。釘螺絲時宜用 1 段，在牆上鑽孔時宜用 2 段。

轉換旋轉方向

使用位在把手側面的旋轉方向轉換鈕來設定方向。按右邊是前進（鎖緊螺絲時），按左邊是後退（旋鬆螺絲時）。不使用時置中。

電鑽啓動

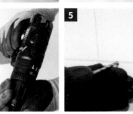

① 將旋轉方向改成後退。

② 單手用力握住夾頭，按下啓動按鈕。

③ 電鑽夾頭口開啟，鑽頭脫落。

④ 將旋轉方向改成前進，插入要使用的螺絲起子或鑽孔鑽頭，然後單手同時握住夾頭和螺絲起子，按下啓動按鈕。

⑤ 預先用筆標出要鑽孔的地方。將鑽頭垂直貼在標示之處，一隻手托住電鑽，然後按下啓動按鈕鑽孔。

+ plus 浴室安裝杯架 ———————————

1・準備自攻螺絲。自攻螺絲，是一種螺紋鋒利的螺絲，沒有塑膠壁虎也能釘入瓷磚或水泥牆，長度有 25 公釐、32 公釐、38 公釐、45 公釐等尺寸。照片左側是一般螺絲，右側是自攻螺絲。

2・將 35 公釐的鑽孔鑽頭插入電鑽，方向轉換鈕改成前進，然後按下啓動按鈕，牢牢固定。

3・用電鑽模式在瓷磚上鑽孔，然後改成鎚鑽模式，鑽孔鑽到水泥裡。

4・以電鑽模式釘入自攻螺絲，固定托架。

5・將杯架安裝到托架上。

·打入膨脹螺絲·塑膠壁虎

若要安裝沉重的置物架或面盆等，首先要在牆壁或天花板打入符合用途的膨脹螺絲或塑膠壁虎，然後釘上螺絲。由於尺寸種類繁多，請使用相應的鑽孔鑽頭。

打入套管式膨脹螺絲

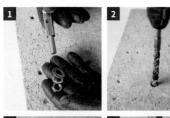
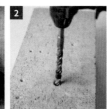

1. 鬆開套管式膨脹螺絲的螺帽和華司。

2. 若是最常用的 14 公釐膨脹螺絲，用鑽孔鑽頭在牆上鑽孔 13～14 公釐。配合膨脹螺絲進入牆壁中的長度，在鑽孔鑽頭纏上絕緣膠帶。

3. 將膨脹螺絲放入孔中。

4. 將壁虎打擊器裝上膨脹螺絲，然後用鎚子用力敲打，往牆壁裡推。

5. 將華司穿上膨脹螺絲，鎖緊螺帽。

tip 拔出膨脹螺絲時，裝上壁虎打擊器，然後左右折彎弄斷。用鎚子敲打末段，置入牆壁裡頭。

打入內牙式膨脹螺絲

1. 將 14 公釐的鑽孔鑽頭插上電鑽，在牆上鑽孔。14 公釐的尺寸是最常用的。

2. 插入相同尺寸的內牙式膨脹螺絲。凸出的部分，將它往內壓即可。

3. 用鎚子敲打，將膨脹螺絲完全打入牆壁中。

4. 插上吊環螺帽或全螺紋螺栓。

打入石膏膨脹螺絲

1. 用螺絲起子使勁打入石膏膨脹螺絲。使用電鑽容易使石膏碎裂。如果出現緊繃的聲音，就停下來。
2. 放上欲安裝的物品，螺絲鎖緊固定。

打入塑膠壁虎

 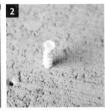

1. 若是一般的塑膠壁虎，將 6 公釐或 6.5 公釐的鑽孔鑽頭插上電鑽，在牆上鑽孔。14 公釐的尺寸最常用。
2. 插入相同尺寸的塑膠壁虎。
3. 用鎚子輕輕敲塑膠壁虎，直到末端完全推入牆中。
4. 放上欲安裝的物品，將螺絲放入塑膠壁虎中，用電鑽牢牢鎖緊。

+ plus 螺絲空轉拔不出來時

1・使用拆卸螺絲的雙頭配螺絲取出器。

2・將有利刃的一端安裝到電鑽上，在螺絲上開孔。

3・換成另一刃端安裝，插入螺絲孔中。

4・電鑽調成後退，取出螺絲。

· 塗矽利康

矽利康施工是進行裱糊或油漆工程時非常重要的作業。在填補或維修浴室、廚房、陽台等處的縫隙時，也是不可或缺。

步驟1 切割膠嘴

❶ 用美工刀或矽利康槍的切刀切開矽利康的圓錐蓋。

❷ 膠嘴以 45 度斜切。

❸ 將斜切好的膠嘴放在手上或地上，長的一側朝上，以手指用力按壓嘴口，把它弄扁。

＊ 把膠嘴末端壓扁的話，施工時線條會寬一點，外觀比較漂亮。用鋼絲鉗也很好壓扁。

❹ 將壓扁的膠嘴安裝在矽利康的頂端。

步驟2 安裝矽利康

❶ 用拇指按住矽利康槍最後面的止擋片，把中心鐵棒（推桿）拉到底。

❷ 將矽利康劑插入膠槍。

❸ 用拇指按住止擋片，推中心鐵棒，使之緊貼矽利康劑的背面，然後鬆開止擋片。

+ plus 矽利康保存要領 ────────────────

· 已使用的矽利康

原封不動放著。要再使用時，拔起膠嘴，用錐子或螺絲起子刺入端口，取出凝固的矽利康，然後重新安裝膠嘴即可。

取下膠嘴，稍微擠出一點矽利康後保存。使用時，用手取出凝固的矽利康即可。

步驟3 塗矽利康

使用刮刀

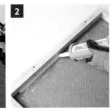

① 輕輕握按矽利康槍的把手,將矽利康擠至膠嘴末端。

② 將膠嘴垂直貼近施工處,慢慢握按矽利康槍的把手,打出矽利康。

＊ 膠嘴較長的一側朝前。要領是打矽利康的時候,感覺像是用指甲刮過去一樣。

③ 用矽利康專用刮刀的背面整平。

＊ 使用刮刀的缺點是施工面會擴散。

使用紙膠帶

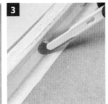
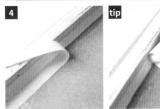

① 在施工處上下貼上紙膠帶。優點是窄小面積也能施工。

② 一口氣劃過去,打上矽利康。

③ 用刮刀稍微修整矽利康。

＊ 注意別太用力按壓刮刀。

④ 取下膠帶後,用刮刀修整不均勻的部分。

tip 如果矽利康塗不好,可立即在凝固前去除。將矽利康劑後端壓扁後,刮過去就能乾淨去除。使用空罐比較方便,沒有的話用刮刀刮掉。

・未使用的矽利康

未開封的新裝矽利,也不可掉以輕心。空氣可能進入後面的部分,而且沒有壓縮,反而會更快凝固。如果用塑膠包住矽利康後面的部分,再以膠帶裹住密封,可以保存得更久。

‧纏繞止洩帶

止洩帶的作用是減少螺栓與螺帽的間隙（機器裝置的鬆弛程度）。尤其在連接管道時，所有螺紋都要纏繞止洩帶，才不會漏水，因此，務必熟練纏繞的要領。做好這一層加工，上螺帽才順利。

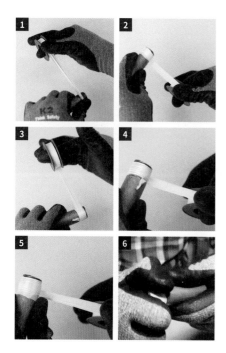

① 將止洩帶放在龍頭柄的連接螺栓上，用拇指輕輕按住末端。

② 將膠帶搭在另一隻手的食指上，用拇指輕輕按住，然後以順時針方向一圈圈纏繞。

③ 由上往下繞的時候，拇指移開，像只用食指轉一樣地鬆開膠帶。

④ 由下往上纏的時候，再用拇指支撐施力。要領是纏繞時將膠帶拉緊到螺紋露出、但未斷裂的程度。

⑤ 末端留一節螺紋，纏繞 20 ～ 25 次。

⑥ 拉斷膠帶後，用戴著手套的手緊緊握住，用力轉一兩圈，讓膠帶密合。

・剝除電線外皮

剝除電線外皮是電氣作業的基本工，只要練習 10 分鐘，任何人都做得到。重點在於調好力道，別把電線弄斷。務必拉下漏電斷路器，然後戴上絕緣手套作業。

所需工具

用於剝除電線外皮的工具非常多樣。專業人員主要使用的工具是斜口鉗或多功能剪刀，只要掌握要領，也可以使用美工刀或一般剪刀。若是新手，最好使用剝線鉗（stripper）。

1・複合型剝線鉗 |

除了剝皮刀可依電線粗細調整，還具有切斷外皮向兩側剝開的功能，在剝離電線中間的外皮時很方便。

2・一般型剝線鉗 |

剝皮刀可依各種電線粗細調整，無需調整力道，只要輕輕一握，就能輕鬆剝除外皮。

3・多功能剪刀 |

萬能剪刀是專業人員最常使用的。將電線夾在剪刀刃末端作業。

4・鋼絲鉗 |

將電線夾在內側凹處作業，而非鉗端的鋸齒部分。雖然有重量感，可能較不方便，但適用於剝除粗厚電線皮。

5・斜口鉗 |

用途以切割為主，常用於切斷外皮或脫皮。作業前檢查刃部是否鈍化。

剝除電線外皮

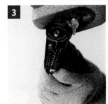

1 緊握電線，以拇指和食指抓住電線末端，然後將電線夾到斜口鉗內側，像輕輕咬住一樣。細電線可以直接剝除外皮，稍微粗一點的電線，則左右輕輕動一動，劃出痕跡後剝除。銅線刮傷會有短路的風險，所以要調整好力道。

2 不是以手部施力剝除外皮，而是在稍微咬住的狀態下，以大拇指的推力剝除外皮。

3 使用剝線鉗時，將電線插入符合粗細的溝槽中，然後緊緊握住，不必左右轉動，直接拉電線即可。

實戰！房屋維修DIY

房屋出現問題時，當然只要請專家來處理就好，但修理費用不低，其中許多部分是可以親自修理的問題。只要備有電鑽等基本工具，多多少少即可獨自修理。以下介紹花費少許就能輕易進行的房屋維修方法。

Part

1

房間・客廳

room
living room

衣櫃鉸鏈損壞

衣櫃鉸鏈與一般鉸鏈樣式不同,多可 180 度展開。請確認樣式是否相同,如不確定,將鉸鏈帶去五金行,購買相同款式。若是過度老舊的衣櫃,即使買了類似的鉸鏈,仍可能長度不符,屆時其他鉸鏈也要全部更換。

難易度	★★★☆☆
工具	電鑽
材料	衣櫃鉸鏈、螺絲

用電鑽旋鬆已損壞鉸鏈的螺絲。　取下鉸鏈。　　備與原有鉸鏈相同樣式的鉸鏈。

＊ 過去的鉸鏈可能與現有鉸鏈尺寸相同,但洞孔間距稍微不同。請帶著取下的鉸鏈去店裡,確認洞孔相同後再購買。

將新鉸鏈凸起的部分插入衣櫃門扇的凹槽。

＊ 如果螺絲孔太鬆,可以嵌入牙籤,再釘螺絲。

從門扇側開始釘螺絲。螺絲先別鎖緊到底,留待後續處理。

將鉸鏈儘量拉到衣櫃本體側,釘上螺絲。這時也不完全鎖緊。

關門試試看,妥適的話,再把所有螺絲鎖緊到底。

＊ 注意,如果太快用力鎖緊,老舊衣櫃可能會碎裂。

抽屜損壞

抽屜裡放太多東西的話，滑軌容易彎曲。最好準備相同樣式、長度的滑軌更換。如果沒有買好，滑軌長度稍微短了一點，抽屜可能沒辦法開到底，但使用上無太大不便。

難易度 ★★★☆☆
工具 電鑽
材料 抽屜滑軌、螺絲

準備與已損壞抽屜滑軌尺寸相似的新滑軌。

旋鬆底面的螺絲，拆下滑軌。

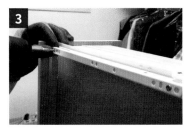

3

放上新滑軌，釘上螺絲。如果新滑軌長度稍短，儘量拉往抽屜前側固定。

4

抽屜櫃本體內部的軌道也要旋鬆螺絲，拆下來安裝新軌道。

5

插入抽屜，確認是否開闔順利。

SOS! **抽屜取不出來**

通常，用雙手提起抽屜內側，就能取出抽屜，但隨抽屜類型不同，有的為防脫落而加以固定。若是這種情況，打開抽屜，滑軌內側有黑色卡扣。該卡扣同時兩側向上提，抓住抽屜拉出來即可。

+plus **抽屜破損時的緊急處置**

有時抽屜邊角的拼接部位脫落，導致抽屜無法使用。這時用角鐵這簡單的解決方法，就可以修整好。

❶ 將損壞的抽屜對準釘子孔重新組裝好。

❷ 在底面與正面、側面相接的三條邊角，每隔一定間距釘上角鐵。

❸ 側面的各條邊角都釘上角鐵。

房間

更換門把

門把有喇吧鎖和水平把手兩種，安裝方法是一樣的。要注意的是，零件的內外側必須分別安裝。門框的鎖門（門關上時卡扣的部分）與大部分的把手相吻合。如果沒壞的話，不換也無妨。

難易度	★★★☆☆
工具	電鑽
材料	門把

將房間內側把手上的螺絲全部鬆開，取下把手。

取下外側的把手。

鬆開門扇側面之鎖門面板的螺絲。

手持鎖門面板和鎖門，一併拆下。

要新安裝的鎖門上插有四方柱，按一下四方柱的按鈕抽出。

確認鎖門的方向。寫著「門內側」的一側或有鎖銷孔（編按：韓國的水平把手一般有兩種上鎖方式：旋鈕或鎖銷，鎖銷在台灣少見。）的一側，朝向房間內側。

7

從門扇側面將鎖閂插到底。

8

鎖舌的圓斜面置於門關起來的一側,然後放上鎖閂面板,釘上螺絲。

9

按著鎖閂四方柱上的按鈕,從房內往外插。

外側先裝上把手。從內側看的時候,把手上裝設的螺栓像照片一樣排列。

10

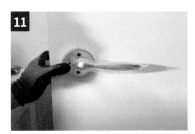
11

內側對好凹槽,裝上把手。

12

內側把手釘上螺絲固定。

SOS! **房門鎖住了**

房門從裡頭鎖住時,沒有鑰匙就很難處理。如果把手上有孔,放入迴紋針或細錐子按壓,門就會打開。如果沒有孔,可以將墊板或塑膠扇插入門縫,推開鎖舌即可。

+plus 鉸鏈鬆動，房門掉落 ────────────────

如果鉸鏈鬆動，通常鎖緊螺絲就好，但有時該處的螺絲多次反覆鎖上，最後門還是掉下來。此時，方法是取下現有的鉸鏈，在其他位置安裝子母鉸鏈。然而，用補土填補鉸鏈所在的位置、房門與門框重新油漆等作業並非易事。更簡單的方法是用竹筷塞住螺絲孔，牢牢固定螺絲。

❶ 取下鉸鏈後，用鎚子將該處敲實。

❷ 用美工刀將竹筷削尖，插入螺絲孔。

＊ 孔小的話也可以用牙籤，孔大則使用竹筷。

❸ 將竹筷推到底再折斷。

❹ 放上鉸鏈，釘上比一般螺絲更長的螺絲固定。

房間

房門破洞

下面介紹房門一部分碎裂破洞時，不用木材也能修繕如新的方法。用 PU 發泡填縫劑填充後，抹上補土晾乾，便絲毫看不出來。雖然作業相當耗時，但不需要高難度的技術，任何人都可以輕鬆完成。

難易度 ★★★★★

工具 美工刀（或鋸子）、刮刀、150～200 號砂紙

材料 PU 發泡填縫劑、補土、防水砂漿膠粉、網布

首先在破洞部分的邊緣塗上 PU 發泡填縫劑。

塗滿中間的部分，等候乾透。約 3～4 小時。

用美工刀或鋸子裁掉突出的部分，然後整平。

補土中混入 1 小匙的防水砂漿膠粉。

＊ 防水砂漿膠粉可以提高黏著力、防止龜裂，還有防水效果。

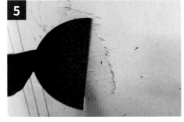

用刮刀薄薄抹一層補土。

為了避免補土掀起，將網布切成適當大小貼上。

＊ 網布主要用於石膏牆工程，可以在五金行買到。

網布上再抹一次補土。

乾透後，用砂紙輕磨，使表面變得光滑，然後塗上油漆（參考 p.40）或黏上貼皮。

地暖不均勻

冬季開啟地暖鍋爐（編按：韓國的地暖設備是在地板底下設置水管，讓經鍋爐加熱的熱水流過，使地板加溫的系統供暖裝置）時，可能出現一種情形：有些房間很暖和，有些房間卻溫溫的。這種情形稱為地暖不均，此時只要排出分配器的空氣，就能均勻供暖。這個方法在修理或更換鍋爐時，進行漏水工程之後不久，房間地板發出聲音時，同樣也有效果。

難易度 ★★★★☆
材料　鍋爐洩水用軟管

啟動鍋爐。鍋爐運轉後，稍後摸摸看分配器，尋找給水管線。變暖的一側是給水管線，後來變暖的一側是回收管線。

將鍋爐洩水用軟管插在給水管線的放水閥上，另一側放在下水道處，以便排水。

關上所有放水閥，只打開第 1 個閥。

* 請注意，老舊分配器的閥開關很緊澀，一不小心可能會弄斷。請慢慢轉動，別突然使力。

打開放水閥排水。如果發出「咕嚕咕嚕」的聲音或反覆出現水流忽強忽弱的情形，就是裡頭有太多空氣。

空氣排出，水流穩定之後，打開第 2 個閥，關上第 1 個閥再排水。以同樣的方法依序打開每個放水閥，進行排水。

+plus **將空氣排出分配器時的切記事項**

老舊分配器要慢慢開關放水閥。突然使力的話，可能會斷裂或因橡膠密封墊圈壞掉而漏水。

洩水軟管可以在五金行買到。放水閥的尺寸依分配器而有不同，可以先量好直徑後再去買。

分配器的每個放水閥都裝有橡膠密封墊圈，有時鬆弛就會漏水。最好定期用活動扳手拴緊。不過，老舊的放水閥不能鎖太緊。

房間離分配器很遠的話，即使排出空氣也可能不夠暖。此時亦可採用一種方法：只有該房間的放水閥全開，其他房間僅半開，以維持均衡。

房間

房門上漆

更換房門要價不菲又麻煩，改以親自粉刷翻新的方式，就能乾淨使用很長一段時間。水性漆比琺瑯漆更自然、更高級。使用環保水性漆，也不會產生臭味。

難易度	★★★★☆
工具	油漆滾筒刷、油漆刷、油漆盤、150 號砂紙
材料	環保水性漆、Gesso 打底劑（水溶性多用途底漆）、養生膠帶＊

在門扇周圍和把手等處貼上養生膠帶，避免沾上油漆，然後用細砂紙均勻擦磨。門框各處也用砂紙擦磨。

如果門扇有塗層，先抹上 Gesso 打底劑。用油漆盤裝盛 Gesso 打底劑，將滾筒刷均勻沾上。

門扇均勻抹上 Gesso 打底劑。

＊ Gesso 打底劑有讓油漆密合的作用。如果門扇的材質光滑或有塗層，就得抹上 Gesso 打底劑才能順利上漆。若是太乾不好抹，可以摻一點水。門扇無塗層的話，不抹也沒關係。

待 Gesso 打底劑完全乾透後，先在門框上漆。油漆刷均勻沾上油漆，擦油漆時儘量別讓油漆流下來。油漆薄薄塗上一層，若有結塊或流淌痕跡，用油漆刷擦掉。

＊ 別一開始就反覆刷油漆，先整體薄薄塗過一次，完全乾透後再上一次漆。

用油漆刷粉刷門扇。曲折不平的部分用油漆刷仔細上漆。

待完全乾透後，再上一次漆；多上漆兩三次，直到顏色明顯為止，待完全乾透後，撕去養生膠帶。

＊ 編按：養生膠帶說法來自日文「養生テープ」，指具有遮蔽與保護效果的膠帶。家中裝潢時，像是油漆施作等，可以用這種膠帶保護物品，將家具遮蔽起來。

黏貼隔熱壁貼

建物外牆側的房間往往冷颼颼,若是貼上隔熱壁貼,可以立即見效。丈量房間大小,再依需求量購買,就能輕鬆施工。萬一牆壁發黴,務必消除原因後再黏貼。

難易度 ★★☆☆☆
工具 美工刀、捲尺
材料 隔熱壁貼

1

丈量房間大小,依需求量購買隔熱壁貼。按照房間高度裁剪隔熱壁貼,多留一點邊。

＊ 隔熱壁貼大多幅寬 1 公尺,有時會以幅寬 50 公分為基準銷售,務必確認且計算好份量。通常,公寓大樓的天花板高度為 2.3 公尺左右,所以裁剪成 2.4 公尺左右即可。

2

稍微撕開背面的離型紙。從一邊角落開始貼,在牆面最上方輕輕貼上隔熱壁貼。

＊ 如果離型紙不容易脫落,在末端貼上封箱膠帶,就能輕易脫落。

3

確認牆角沒有翹起來的部分,垂直對齊。

4

將壁貼往下掃壓,讓壁貼與牆壁密合。重點是無氣泡黏貼。

5

用力壓緊末端部分,用美工刀裁剪地板接角的壁貼。

6

與窗戶相接的部分,也用美工刀裁剪乾淨。剩下的牆壁,以同樣的方法相連貼上。

+TIP 像貼壁紙一樣無氣泡

黏貼隔熱壁貼的要領和貼壁紙的要領(參考 p.54)相同。重要的是一點一點取下離型紙,且仔細擦拭,讓壁貼無氣泡黏好。

整理電線

家裡露出插座電線、網絡線等，看起來會很凌亂。使用電線槽，可以把這些線收納整齊。安裝電線槽不難，但重點是乾淨俐落處理好牆壁邊角的部分。

難易度	★★★☆☆
工具	剪刀、鉛筆
材料	電線槽

用鉛筆在壁紙上標出線路。

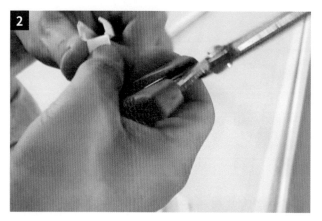

掀開電線槽的蓋子，在貼著牆角的槽身末端剪出ㄈ字型。槽身兩側側面各剪開1公分左右，然後彎折底面，用剪刀剪掉即可。

撕掉步驟 **2** 槽身背面的離型紙，貼在踢腳線上方。此時，裁成ㄷ字型的部分向前突出，突出程度相當於電線槽的厚度。

電線槽的蓋子不剪斷，而是在邊角處的兩側剪小角痕，再折起來。

將步驟 **4** 的電線槽蓋折成直角，貼在邊角上看看是否吻合。

將電線槽蓋的末端裁成 45 度，這裡將與朝上裝設的電線槽相接。

＊ 電線槽可以用美工刀或剪刀裁剪，但使用專用剪刀更方便。專用剪刀能標示角度，連接作業會更乾淨俐落。

電線槽身也裁成 45 度，然後撕掉離型紙，貼在牆壁上，蓋上蓋子。

朝上裝設的電線槽，裝上蓋子，裁成 45 度。

直角相接的部分，對看看是否平整吻合，吻合的話，撕掉槽身的離型紙，垂直貼在牆面上。

客廳

地板刮傷

地板的施工費用固然可觀，但經常遭刮傷或劃破，修補起來也是不小的負擔。下面介紹一種不留痕跡的修補方法，利用生活用品店便宜販售的地板修補劑就能做到。作業要重複多次，看起來才會更自然。

難易度	★★★★☆
工具	刮刀、美工刀、小碗（或紙杯）、濕紙巾
材料	木器補土

根據地板顏色準備修補時使用的補土，最好同時準備暗色和亮色。

將亮色補土擠入紙杯，再混入少許深褐色或灰色補土，調成與地板一樣的顏色。

在有刮痕處充分抹上補土，填補凹陷部分

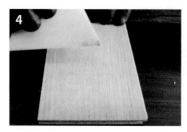

用刮刀沿木紋刮掉多餘的補土，注意用力刮的話會凹下去。

補土乾透後，確認顏色、厚度等；水分蒸發時，填補的部分會塌下，所以再抹補土，待其再度凝固。

用美工刀刮掉周圍的補土，將表面修整光滑，最後用濕紙巾擦拭。

＊ 重複填補、刮除、擦拭的過程，看起來會更自然。

牆壁破洞

非承重牆的牆壁，若是以合板或石膏板為基層再裱糊而成，被家具戳到的話，很容易產生破洞。如果破洞後面中空，進行部分裱糊頗有難度。這時可以用墊石膏板或木板的方式來補洞。

難易度	★★★★☆
工具	電鑽、美工刀、鉛筆
材料	石膏板（或木板）、螺絲、矽利康

準備大小足以擋住破洞的石膏板或木板。

將石膏板貼在壁紙上，用鉛筆畫出足以遮蓋破洞的輪廓線。

用美工刀沿線深深切劃，敲下石膏板。

用美工刀將裁切面均勻整平。

用石膏板製作後墊，放在一側的背面。

＊ 製作兩個做為後墊的石膏板，長度要比破洞稍微更長，寬度是破洞寬度的一半左右。

兩側釘上螺絲，固定後墊。

＊ 後墊抹上一點矽利康後再墊用，釘上螺絲會更堅實。

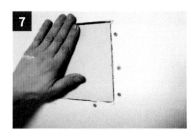

石膏板背面塗矽利康，貼在破洞上，剪一塊可遮蓋釘痕的壁紙，覆蓋貼上。

更換拉門軌道和滑輪

如果 PVC 材質的拉門軌道破損，就會出現滑輪卡住而開不了門的情形。若是分離式軌道，拆卸作業很容易，但若是一體式，就得用螺絲起子或鉗子分解拆除，作業不易。軌道以黃銅材質的耐久性為佳。

難易度 ★★★★★

工具 電鑽、美工刀、鎚子、一字型螺絲起子、水管鉗、矽利康槍

材料 拉門軌道、窗框滑輪、釘子、螺絲、透明矽利康

兩側門扇都取下。

拆除損壞的軌道。能用手拆的部分先儘量拆。

不好拆的部分，將一字型螺絲起子貼靠縫隙處，再用鎚子敲打，很容易就拆下來。

堅硬的部分，用鉗子或鋼絲鉗折斷後拆下。

用美工刀將凹凸不平的部分整平光滑。

46

6

把門框擦乾淨，拿新軌道對看看，確認尺寸。

7

在固定軌道之前，先將透明矽利康塗在門框上，提高固定力。

8

將兩條軌道都貼好。

9

將與軌道相同材質的釘子，對準軌道孔全部釘好。

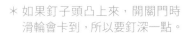

＊ 如果釘子頭凸上來，開關門時
　　滑輪會卡到，所以要釘深一點。

10

用螺絲起子或電鑽旋鬆滑輪的螺絲。

11

用鉗子緊緊夾住滑輪，將滑輪取出。

插入與軌道相同材質的
滑輪，鎖緊螺絲。

12

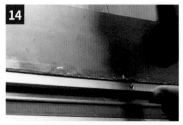

把門裝上，開關門試試看，檢查有沒有會卡住的部分。

如果有會卡住的部分，用鎚子把釘子頭敲進去。

+plus

為破損的窗框軌道加套

PVC 材質的窗框軌道用久了，可能會破損。在網路上搜尋「窗框軌道」，就能買到想要的尺寸。軌道上不能有凸起，所以用窗框總長來訂購。雖然可以直接套上，但稍微塗一點矽利康或接著劑再套上，不僅噪音減少，耐久性也更佳。

❶ 精確測量破損軌道的厚度和高度。

❷ 訂購的厚度比現有軌道多 2 ～ 3 公釐。高度稍微短一點沒關係。

❸ 將窗戶向上提起取出，將整條破損軌道塗上矽利康或接著劑，然後套上新訂購的軌道。

❹ 從上方裝回窗戶，開關窗戶，檢查有沒有會卡住的地方。

客廳

安裝吊圖軌道

五金行販售吊圖軌道多以 2 公尺為單位，再依所需長度裁剪即可。洞孔預先穿好的話，也會更方便。若是網上購買，用鋼鋸或砂輪機適當裁切後，再以鐵工鑽頭鑽孔。

難易度 ★★★☆☆
工具　電鑽
材料　吊圖軌道、螺絲

用螺絲將軌道固定在牆壁或天花板上。如果長度為 2 公尺左右，可以在兩側和中間一處釘螺絲即可。

＊ 確認水泥牆還是合板牆，準備合適的螺絲。天花板大多是石膏板。

稍微旋鬆軌道上方吊鉤的螺絲。

＊ 請注意，吊圖吊鉤有「牆用」與「天花板用」之分。顏色可自選。

從軌道末端插入上方吊鉤，調整位置且鎖緊螺絲。

若要縮短吊繩，旋鬆下方吊鉤的螺絲，按住按鈕，把吊鉤向上拉。將剩下的吊繩剪掉。

若要拉長吊繩，按住下方吊鉤上側如圖釘般突出的部分，將吊鉤往下拉。

＊ 按照自己喜歡的顏色，購買護套裝在軌道兩側，看起來更清爽。

Part

2

廚房

kitchen

廚房

廚櫃門砰然關上

阻尼式鉸鏈　緩衝阻尼器

舊型廚櫃的鉸鏈通常沒有阻尼式緩衝裝置,所以將門匆忙關上時,容易發出「哐」的聲響。不僅聲音刺耳,手也很可能夾傷。解決方法是更換成阻尼式廚櫃鉸鏈或簡單裝上緩衝裝置。

難易度	★★☆☆☆
工具	電鑽
材料	阻尼式廚櫃鉸鏈或緩衝阻尼器、螺絲

更換成阻尼式鉸鏈

準備附有阻尼器的廚櫃鉸鏈。雖然乍看與一般鉸鏈差不多,但仔細看凹槽處,就會發現裡頭有阻尼器。一般鉸鏈裡頭是空的。

用電鑽旋鬆所有螺絲,拆下鉸鏈。

在拆下的位置直接插入阻尼式鉸鏈。

釘上螺絲固定。

安裝緩衝阻尼器

用螺絲將 T 字型的緩衝阻尼器固定在廚櫃內部頂端。

釘上 2 顆螺絲。

＊ 緩衝阻尼器安裝容易,價格也比阻尼式鉸鏈便宜。

51

廚櫃鉸鏈損壞

廚櫃鉸鏈鬆動的話,可將牙籤或竹筷插入釘螺絲的洞孔來固定(參考 p.36)。不過,如果太過老舊,用這個方法也無效,就得更換鉸鏈。原有的開孔鉸鏈,輕輕鬆鬆就能更換成免開孔鉸鏈。

難易度	★★☆☆☆
工具	電鑽
材料	免開孔鉸鏈、螺絲

取下損壞的廚櫃鉸鏈。

在開孔位置的上方或下方安裝免開孔鉸鏈。免開孔鉸鏈無左右之分。

3

展開鉸鏈，在廚櫃本體內側距末端 2～3 公釐左右處釘上螺絲。這是臨時固定用，只釘 1 顆就好，先不鎖緊。

4

對準廚櫃門扇的位置，然後對角線再釘 1 顆螺絲。同樣是臨時固定用。

5

關上門看看，水平吻合的話，直接釘上剩下的螺絲鎖緊。

6

如果水平不吻合，則須調整。重新拔出螺絲，把鉸鏈向前拉，釘上 1 顆螺絲。

7

門扇鉸鏈也要移位，再釘 1 顆螺絲。

8

關上門，確認水平後釘上所有螺絲。其他鉸鏈也確認一下，鎖緊鬆動的螺絲。

+plus ## 鉸鏈的種類

右圖上方，左起依序為家具鉸鏈、廚櫃鉸鏈、浴室鉸鏈，下方為廚櫃用免開孔鉸鏈。廚櫃鉸鏈與浴室鉸鏈形狀相同，只是大小不同。位於上方者又稱隱藏式櫃門鉸鏈，皆是必須在門扇上開圓孔才能安裝的開孔鉸鏈。請將鑽孔鑽頭插上電鑽後開孔。

衣櫃等家具和廚櫃大多使用開孔鉸鏈，但親自修繕時，使用平整的免開孔鉸鏈較容易。有時五金行沒有賣，最好先問問看。不然，網購也是一種方法。

廚櫃門黏貼皮

廚櫃只要貼上貼皮,看起來就像新的一樣,但有時不敢嘗試,便委託施工。下面介紹僅僅花費少少就能清爽完成改造。最重要的一點是,貼上貼皮之前,先仔細塗上底漆,連邊角也全都塗好,提升黏著力。

難易度	★★☆☆☆
工具	電鑽、美工刀、海綿(或油漆滾筒刷)、150 號砂紙、乾抹布、棉手套、吹風機
材料	貼皮、水性底漆

1 老舊斑駁的廚櫃。

2 用電鑽拆下所有鉸鏈,把手也分解取下。

3 撕掉原有的貼皮。因為不容易一次撕下,用美工刀切成長條,再用吹風機吹熱。

4 將已裁切的貼皮拉起來撕掉。隨著吹風機的熱力,貼皮的黏著力減弱,輕輕就能撕掉。

5 貼皮全部撕掉之後,用砂紙磨至光滑。邊緣也用砂紙輕磨,然後用乾抹布擦拭。

6 塗上底漆,提升黏著力。

＊ 量多的話,倒在托盤,用油漆滾筒刷來塗;量少的話,將底漆直接倒在門扇上,用海綿抹開。

將海綿切成適當大小，門扇正面與側面都仔細塗上底漆，然後晾乾。

＊用吹風機吹，很快就能吹乾。

裁剪貼皮（比門扇略大），將一端反折，稍微撕起背面的離型紙。

計算側面也能黏貼的程度，而且門的正面末端，貼皮也留寬一些，然後貼上。

一手戴棉手套，一邊搓貼皮一邊黏，另一手則捲動貼皮背面的離型紙，一點一點撕下來。

＊雖然刮刀也很常用，但用手作業更便利，不僅操作較容易，而且透過觸感，可以知道是否產生氣泡。

側面不要完全貼上，邊角處彎折貼皮，用手掌快速搓過去。

如果氣泡產生，用刀尖刺一刺，再用手搓去氣泡。

把門扇翻過來，然後用戴手套的手一邊用力把貼皮包上來，一邊搓側面貼好。

多餘的貼皮，一邊用手拉著，一邊用美工刀貼合裁切。

邊角部分，用美工刀從內裁切，將貼皮切成一字型，然後收邊貼好，裁掉多餘的貼皮。

用吹風機均勻加熱，然後再用手搓。

側面容易脫落，要仔細用手搓後貼好。

裝回把手和鉸鏈。

+plus　貼皮脫落的話

門扇的側面或邊角部分，即使塗上接著劑，貼皮依然容易再次脫落。此時，即使沒有接著劑，也可以用吹風機簡單貼回去。

❶ 用吹風機的熱風融化凝固的接著劑。

❷ 適當加熱後，用手按壓搓揉，就會恢復黏著力。

❸ 邊角持續加熱，同時多次搓揉。

＊ 薄薄塗上接著劑，再用吹風機吹熱貼上，也是很好的做法。

廚房 廚櫃踢腳板傾倒

有一種情形是洗碗時不經意一腳踢到踢腳板，踢腳板往往隨即傾倒。這是由於水槽老舊，踢腳板與櫥櫃下端之間分離而產生的現象，即使再豎起來也一樣。利用日光燈管固定夾（黏附招牌或燈管時使用）可以輕鬆解決。

難易度 ★★☆☆☆
工具 電鑽
材料 日光燈管固定夾、螺絲

取出廚櫃踢腳板，把踢腳板翻過來。

準備1～2個日光燈管固定夾。

＊ 價格很便宜，五金行都有販售。

將固定夾裝上中間的廚櫃腳看看，大多數都能吻合對上。

配合廚櫃腳的位置，將固定夾安裝在踢腳板上。

將螺絲鎖上踢腳板，固定好固定夾。

豎起踢腳板，內推直到出現「咔嗒」聲。

建議在不明顯的角落釘一顆螺絲或安裝一只小把手，方便下回再取出踢腳板使用。

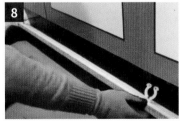

打開踢腳板時，拉住螺絲（把手）拉開，關上時將固定夾對準廚櫃腳推進去。

廚房

更換水槽龍頭—單孔式

直接更換水槽龍頭雖非易事，但如果知道要領，無需特殊工具就能獨自完成。龍頭大致有「壁式」和「單孔式」兩種。單孔式的安裝方式是插入流理檯面的洞孔。使用上，軟管比蛇管更方便。

難易度 ★★★★☆

工具 水管鉗、斜口鉗、多功能剪刀

材料 單孔式水槽龍頭

1

在水槽下端裝置的內側底面鋪上乾抹布，然後關閉凡而（Valve，又叫閥門，是控制水的流量、流向、壓力、溫度等的機械裝置）。右邊是自來水，左邊是熱水。

2

用一支水管鉗緊緊鉗住管道，用另一支水管鉗旋鬆螺帽。

＊ 如果只有一支水管鉗，用單手緊握管道，讓管道或飲水機管線保持不動。

3

由於軟管纏在一起而不好旋鬆螺帽的話，用剪刀剪斷軟管。

4

把螺帽都轉出來。

5

連至可拉伸花灑軟管的秤錘，用一字型螺絲起子打開固定扣後拆下，連接的螺帽用水管鉗旋鬆。此時，剪斷軟管再作業也比較容易。

6

檢查下端的固定零件。塑膠類零件用戴著手套的手抓緊轉動即可。金屬製的零件，老舊的話會不好拆。

由於空間狹小、工具使用不易，老舊的固定零件也不好拆解，可以先用雙手握緊龍頭，前後左右輕輕彎折，然後反覆轉動。

龍頭鬆動後，一手握緊固定零件，另一手朝反方向轉動龍頭，讓它更鬆開，然後旋鬆固定零件的螺帽。

拔出龍頭和軟管。軟管別一次拔出，先取出細軟管，然後一條一條取出。

將洞孔周圍擦拭乾淨，裝設新龍頭。此時務必確認龍頭底部裝有橡膠密封墊圈。

＊ 龍頭的軟管由粗至細依序放入。

用斜口鉗折斷下端固定零件的翼部。這樣作業較容易。

確認固定零件上方有橡膠密封墊圈之後，將軟管由粗至細依序裝入。

將固定零件往上提拉，然後用手旋緊固定。

14

將龍頭擺好位置。

15

將熱水軟管連接左側管道,自來水軟管連接右側管道。

＊ 一手握管道不動,另一手轉動螺帽固定,然後再用水管鉗旋緊。

16

連接最短的混合軟管和最長的可拉伸花灑軟管。如果用兩支水管鉗旋緊,會更加牢固。

17

在秤錘掛上花灑軟管。

18

拔出龍頭花灑,確認軟管長度,再打開凡而,開水看看。

＊ 注意,如果太用力轉動凡而,老舊凡而可能會斷裂。凡而別一次轉到底,一邊確認水壓,一邊慢慢打開即可。

+plus 　如果老舊龍頭流出渣滓

如果打開水時會流出黑色渣滓,原因大概是橡膠密封墊圈老化損壞。這時可以更換為 PU 密封墊圈,龍頭換新時,最好也可以預先更換。打開連接龍頭花灑與軟管的部位、連接冷熱水軟管與管道的部位、連接花灑軟管與混合軟管的部位,將黑色橡膠密封墊圈更換為白色半透明的 PU 密封墊圈。在五金行購買水槽軟管用(小型)即可。

❶ 龍頭軟管上安裝的老舊橡膠密封墊圈。

❷ 拔除老舊的橡膠密封墊圈,裝上 PU 密封墊圈,然後連接花灑。

更換水槽龍頭—壁式

設置在牆面上的水槽龍頭，若是施工不良，連接部位可能會漏水。關鍵是用止洩帶緊緊纏繞連接牆壁與管道的彎頭來減少間隙，並且將彎頭的間隔調整到與龍頭正好吻合。

難易度	★★★★☆
工具	活動扳手、一字型螺絲起子
材料	壁式水槽龍頭、止洩帶

1 用一字型螺絲起子將彎頭螺栓往右轉緊關水，然後鬆開龍頭與彎頭連接的部位，取下龍頭座。

2 用活動扳手緊緊鉗住壁面的固定裝置彎頭，慢慢轉鬆。如果突然用力轉，腐蝕的部分可能會斷裂。

3 取下彎頭後，將洞孔周圍和管道內擦拭乾淨。

4 先將新彎頭螺紋處纏繞止洩帶（參考 p.26）。

5 裝好彎頭，轉動彎頭直到對好大致的間隔，而且感覺轉緊為止。

6 用活動扳手再轉一圈固定。

＊ 如果沒辦法多轉一整圈，就退回原位。由於已經是轉緊的狀態，不用擔心漏水。

從旁邊看，兩側的彎頭要保持一直線才正確。

檢查新龍頭是否裝有橡膠密封墊圈。

＊ 換成 PU 密封墊圈更佳。

將新龍頭對準一側彎頭的孔，旋緊螺帽後，再連接另一側的彎頭。

如果螺帽沒有轉到底，間隔會有誤差。

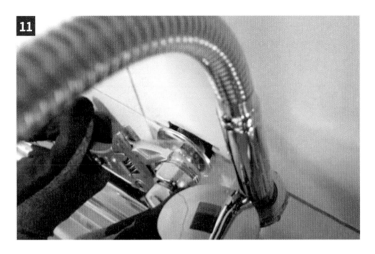

11

接好的一側彎頭，用活動扳手鉗住後左右轉緊，另一側的彎頭孔也對準龍頭接好。

12

用手轉螺帽，再以活動扳手旋緊。

13

打開水表，確認水順利流出。

SOS! ## 彎頭連接管道時總是空轉

牆壁管道上裝有稱為立布的螺栓型零件。立布的作用是連接彎頭與管道，如果它有一點往裡頭陷進去的話，彎頭連接時會空轉而裝不上去。這時簡單解決的方法是使用內外牙接頭。將內外牙接頭轉入管道，再連接彎頭即可。內外牙接頭可以在五金行購得。

❶ 輔助彎頭與管道連接的內外牙接頭。

❷ 將內外牙接頭轉入深陷牆中的管道。

廚房

水槽排水口散發惡臭

水槽排水口有總是積滿水而防止臭味飄上來的槽器。平時使用專用清潔劑或過碳酸鈉等刷洗排水口的管道，可以預防臭味。如果依然無法解決，設置防臭S管就能阻斷臭氣。

難易度	★★★☆☆
工具	剪刀、濕紙巾
材料	水槽防臭S管、PVC接著劑

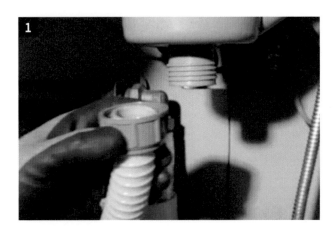

打開水槽下端裝置，鬆開與排水口槽器相連的軟管。

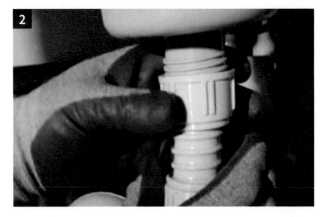

將防臭S管裝在槽器上，確認螺紋是否吻合。

＊防臭S管有寬螺紋和窄螺紋兩種。請確認好是否與排水口槽器螺栓的螺紋相符後再買。

3 用力把現有軟管的螺帽轉下來。

4 用剪刀把軟管剪平。

5 水垢也會產生異味,所以請用衛生紙或濕紙巾擦拭軟管內部的水垢。

6 取下 S 管下方的螺帽,先裝在軟管上。

7 最好將螺帽內裝有密封墊圈的連接零件塗上 PVC 接著劑。

8 在接著劑凝固之前,將連接零件插入軟管。

9 安裝 S 管底部,旋緊螺帽。

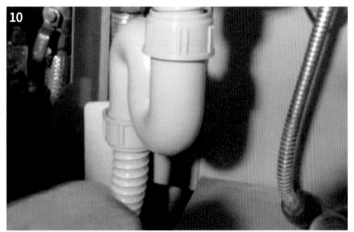

10 將 S 管頂部裝在排水口的槽器上,旋緊螺帽。從此,S 字型彎曲的部分總是積滿水,臭氣就不會飄上來。

防臭 S 管的種類

防臭 S 管有兩種，一種的螺帽為窄螺距，另一種為寬螺距。購買時，最好帶上現有軟管的螺帽，或者將排水口槽器的螺栓部分照相出示。

 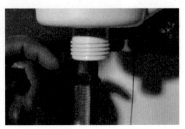

左側是寬螺距的螺帽，右側是　排水口槽器的螺栓部分。這是
窄螺距的螺帽。　　　　　　　寬螺距的情形。

SOS! **防臭 S 管插不進排水口槽器**

排水口槽器螺栓與防臭 S 管的螺距不吻合時，就插不進去。此時，方法是將現有軟管的螺帽裝在防臭 S 管上再連接。

❶ 將防臭 S 管頂部的連接零件　　❷ 在取下零件的部位周圍塗上 PVC
　　轉下來。　　　　　　　　　　　　接著劑。

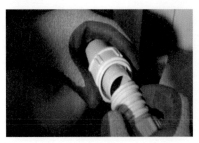 

❸ 將現有軟管的螺帽和零件連接　　❹ 裝到排水口槽器的螺栓上，然
　　到防臭 S 管的頂部。　　　　　　　後旋緊。

水槽水逆流

如果水槽沒有堵塞，但倒掉大量的水時，經常發生水逆流的現象，就要檢查排水口的軟管。許多情形是軟管碰到彎成 ¬ 字型的排水管，所以排水口變窄。只要將軟管往內推放，就能使排水暢通。

難易度	★★☆☆☆
工具	剪刀
材料	絕緣膠帶

軟管連接排水管的模樣。

將軟管拔出排水管，把密封圈向上推。

將軟管重新放入排水管，檢查軟管末端是否碰到彎成 ¬ 字型的部分。放入再取出試試看，會有像是卡到突起物的感覺。

如果軟管有多餘段，再往內推放，讓軟管通過 ¬ 字型的部分。如果沒有多餘段，則反過來剪短軟管或往上提，纏繞絕緣膠帶多次之後，再以密封圈固定。

 +plus **若要防止排水管的油垢**

水槽容易因食物殘渣和油垢而導致排水管變窄。使用過碳酸鈉、蘇打粉、檸檬酸等固然好，但最簡單、最理想的方法，就是經常倒入沸水。這樣可以在水槽堵塞之前預先防止油垢，還有消除惡臭的效果。

Part

3

浴室

bathroom

浴室

面盆水流四散

若是面盆龍頭的水流四散，這是起泡器的網布破裂或消失所致。在這種情況下，只要換裝起泡器就能簡單解決。起泡器有塑膠與鋼材之分，粗細也不一樣。請確認原有起泡器的粗細後再購買。

難易度	★★☆☆☆
工具	活動扳手
材料	起泡器

水流四散亂濺的樣子。

將龍頭的起泡器向左轉取下。

準備與原有起泡器相同尺寸的起泡器。

＊ 網購起泡器時，可以用「面盆起泡器」搜尋。

將起泡器向右轉裝上，用活動扳手旋緊。

水流穩定不四散的樣子。

+plus1 **起泡器的類型**

面盆龍頭的起泡器。大小和重量等略有不同。

+plus2 **利用紗網的方法**

如果起泡器的網並未完全磨損，也可以不換新的。方法是使用原有的起泡器，另將紗網剪成圓形，裝在起泡器上。

浴室

面盆龍頭漏水

如果龍頭的槓桿手柄與本體之間漏水，龍頭內的閥芯為其原因。閥芯的作用是混合冷熱水，老舊的話，可能會漏水或出水不順。請購買相同尺寸的閥芯更換。

難易度　★★★☆☆
工具　活動扳手、錐子
材料　面盆龍頭閥芯

1 關閉龍頭凡而，用錐子打開槓桿手柄上面的蓋帽。

2 旋鬆蓋帽內的螺絲。

＊ 螺絲的位置隨龍頭而不同。有的位在槓桿手柄正下方的蓋帽內，有的位在後側的凹槽裡。

3 將包覆閥芯的本體轉出來。如果老舊無法順利鬆開，就使用活動扳手。

4 用活動扳手旋鬆內側的塑膠螺帽拔出。

5 取出閥芯。

6 將新的閥芯對準凹槽裝上，再以相反順序組裝。

 +plus　**若是出水不順**

閥芯的洞孔被異物堵塞，水可能會出不來。在這種情況下，將閥芯清洗乾淨，就出水順利。

面盆水流下不去

面盆排水口被頭髮、灰塵等堵塞而水流不下去的情形很常見。只要有束帶就可以簡單解決。排水口的按壓式落水頭（塞頭）卡異物時，水也不太能流下去，在這種情況下，把按壓式落水頭拔下來洗淨就有效。

難易度	★☆☆☆☆
工具	剪刀
材料	束帶

使用束帶

這是整理電線時使用的束帶。

30 公分左右的束帶，兩側做斜剪痕。

從末端開始做剪痕，直到上方 10 公分左右為止，然後扭擰束帶。

將束帶放入排水口，儘量往下伸，然後拔出，頭髮或灰塵等異物就會勾上來。

＊ 將束帶上方捲一圈，做成手柄會更方便。

清洗按壓式落水頭

鬆開面盆下面的按壓式落水頭調整裝置，取出清洗。

＊ 老舊管道可能損壞。弄不好的話，連接部位可能會斷裂，所以別亂碰。

按壓式落水頭末端的洞孔正面朝前，重新插入排水口。唯有如此，連接的鐵杆才能插入洞孔。

將鐵杆重新插入管道，確認是否穿通按壓式落水頭末端，然後旋緊。

水不熱

浴室

如果熱水出水不順或水溫不夠熱,可能是流入鍋爐的水量過多而來不及加熱所致。調整鍋爐的自來水凡而,減少水量,便能迅速加熱,讓熱水順利出水。面盆或淋浴器的水壓也要檢查後做調整。

難易度 ★☆☆☆☆
工具 一字型螺絲起子

調整鍋爐自來水管水壓

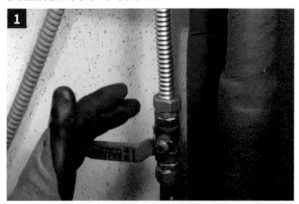

與鍋爐相連的管道中,有凡而的蛇管是水進入的自來水管,旁邊的管道是加熱過的水流出的熱水管。

打開自來水管的凡而至一半程度,然後檢查熱水。水壓降低時,進水量減少,加熱會更順利。

調整面盆龍頭水壓

將水開到底，檢查水壓。自來水水壓強的話，熱水不熱。

關閉面盆下方的自來水凡而，然後一點一點打開，調整水壓。

將自來水調整到適當水壓，熱騰騰的水會順利流出。

調整浴缸龍頭水壓

槓桿手柄向右轉動，使冷水流出，然後用一字型螺絲起子或硬幣，將右側彎頭的螺栓向右轉到底，關掉冷水。

一點一點打開彎頭，將冷水調整至適當水壓。

+plus　鍋爐漏水的話

如果鍋爐管漏水，就會沿管道流到地板的縫隙，可能導致樓下漏水。填補地板縫隙，定期檢查管道，可預防漏水。

❶ 將地板側管道周圍收拾好，等乾透後，用 PU 矽利康或一般矽利康填補縫隙。

❷ 如果管道連接部分的橡膠密封墊圈老舊，連接部分會有點鬆掉。定期檢查，用活動扳手拴緊。

更換面盆龍頭

面盆龍頭老舊須更換，經常請專人維修的話所費不貲。只要有活動扳手，單獨一人也不難做到。更換面盆龍頭時，最好連高壓軟管也一起換。

難易度	★★★☆☆
工具	活動扳手
材料	面盆龍頭

掛在龍頭上的淋浴器，用活動扳手鬆開連接部位，分離兩者。

關閉面盆下方的三角凡而（水管凡而），然後旋鬆螺帽，分離與凡而相連的高壓軟管。

分離與龍頭相連的高壓軟管。如果用手無法旋鬆螺帽，就用活動扳手。

取出老舊龍頭。

在新龍頭的底部裝上白色橡膠密封墊圈，然後插入面盆的洞孔。

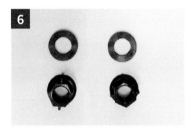

一手握住龍頭，先將橡膠密封墊圈裝在面盆下方，然後裝上螺帽固定。照片上的圓環是橡膠密封墊圈，有棱有角的零件是螺帽。

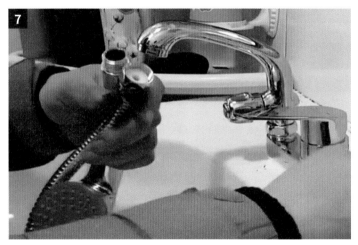

在淋浴頭與軟管的連接部位，分別裝上橡膠密封華司旋緊。

與龍頭連接的部分也裝上橡膠密封墊圈再連接，用活動扳手拴緊。

將高壓軟管連至三角凡而旋緊。左邊是熱水，右邊是自來水。全部完成後開水，確認是否出水順利、是否漏水。

更換面盆按壓式落水頭・排水管

本單元將老舊的按壓式落水頭和 P 型排水管，更換成又稱「壁排」的 T 型排水管。最重要的是管道的傾斜度。入牆的管子必須稍微向牆壁傾斜，排水才順暢。管道的橡膠密封墊圈也要牢牢固定。

難易度	★★★☆☆
工具	水管鉗
材料	面盆按壓式落水頭排水管、面盆 T 型排水管

用水管鉗鬆開位於面盆下方管道中間的螺帽。

後面的螺帽也鬆開。

拉出 P 型排水管。這時，原有的積水會流出來。

握住與牆壁相連的管道拔出。

將與面盆相連的管道轉出取下。

用水管鉗鬆開原本與面盆相連的螺帽。

螺帽鬆開後，用手轉出取下，橡膠密封墊圈也要拔下來。如果橡膠密封墊圈不易脫落，用水管鉗輕輕往上敲打管子，使它鬆動，然後拽下拔出。

拔掉按壓式落水頭，將排水口擦乾淨。

把裝在新按壓式落水頭上的螺帽轉出來。

將按壓式落水頭排水管放入面盆的排水口。

將先前拔出的螺帽，裝到面盆下方的按壓式落水頭排水管上，牢牢旋緊。

將 T 型排水管大致接好，檢查管道的傾斜度。T 型排水管必須比與牆壁相連的部位稍微高一點，排水才順暢。

傾斜度不合時，裁切按壓式落水頭排水管，然後再連接。

＊用砂輪機裁切按壓式落水頭排水管時，務必要裝上保護蓋。沒有砂輪機的話，可以到五金行裁切。有的按壓式落水頭也可以調整長度。

旋鬆 T 型排水管的螺帽，先裝上按壓式落水頭排水管，再裝上原本在一起的橡膠密封墊圈。

T 型排水管先插入牆壁中的管道。

將 T 型排水管接上按壓式落水頭排水管，然後將預先裝上的螺帽往下轉緊。

用水管鉗鬆開位於面盆下方管道中間的螺帽。

＊ 如果貼合不佳，將管中的橡膠密封華司拔出，先裝至牆中管道，再放入 T 型排水管。橡膠密封華司要牢牢固定，才不會漏水。

SOS! ## 管道塞住了

用 T 型排水管設置管道時，如果頭髮等異物塞住，水不太能流下去的話，可以鬆開排水管下面的槽器，拔除異物後再重新裝上即可。

 +plus ## 面盆按壓式落水頭塞頭彈不起來

有時候，面盆按壓式落水頭的塞頭卡住，盛水使用之後，再次按壓卻一動不動。利用生活用品店或五金行販售的吸盤掛勾，就能輕易解決。吸盤掛勾最好與按壓式落水頭塞頭的大小相同，在稍微有水的狀態下提起，效果會更好。

更換面盆

若要更換出現裂痕或破裂的面盆，需要請專人維修嗎？
雖然取下原有面盆、安裝新面盆的作業看似需要技術，
但按部就班來做，其實並不難。不過，由於要處理沉重
的陶瓷器，最好由兩人合力作業。

難易度 ★★★★★

工具 螺絲起子、六角
扳手、水管鉗

材料 面盆

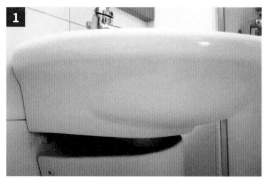

用六角扳手鬆開面盆下方瓷柱腳，取下瓷柱
腳。

＊ 瓷柱腳的樣式依面盆而有不同，皆可以螺絲起子
或水管鉗等鬆開取下。

關閉兩側的三角凡而（止水閥）。

用手旋鬆面盆下方按壓式落水
頭排水管的調整裝置，然後從
面盆上方取出按壓式落水頭排
水管。

＊ 小心太過老舊可能會碎裂。

用水管鉗旋鬆 P 型排水管，然
後拔下。

與水管相連的高壓軟管，也是
兩側全部旋鬆。

旋鬆與面盆內側深處牆面連接
的螺帽，拆除面盆。

龍頭裝上橡膠密封墊圈，放入
面盆洞孔。

面盆下方裝上螺帽，固定龍頭。

旋鬆與按壓式落水頭排水管結
合的零件，將按壓式落水頭排
水管插入排水口，從下方安裝
零件固定。

將面盆對準牆上的螺栓裝上，
從內鎖緊螺帽。

＊ 面盆插上螺栓的洞孔位置大多
　 相同，所以直接使用釘在牆上
　 的螺栓即可

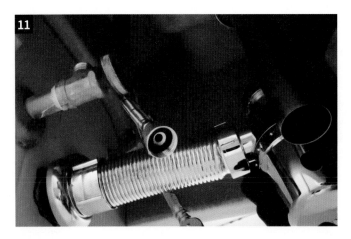

將 T 型排水管大致插入牆壁，確認
是否與按壓式落水頭排水管的高度
相符。按壓式落水頭排水管必須比
T 型排水管連接牆壁側的部位稍微
高一點，排水才順利。

按壓式落水頭排水管較長時，
裁切後再重新裝上。

＊ 如果沒有砂輪機，標好要裁切
的地方，帶到五金行請人裁切。

將高壓軟管連接到兩側的三角
凡而。紅線是左側熱水，藍線
是右側自來水。

連接 T 型排水管。旋鬆與按壓
式落水頭排水管相連之處的螺
帽和橡膠密封墊圈，依序裝上
按壓式落水頭排水管，然後連
接 T 型排水管。

＊ 如果轉太緊，橡膠密封墊圈可
能會裂開，所以適當旋緊即可。

將 T 型排水管也插入牆壁內的管道，將管帽緊貼牆面固定。

打開三角凡而，開水看看。左
右轉動槓桿手柄，確認水壓，
開關凡而進行調整。

裝有龍頭之牆面漏水

如果水從龍頭貼附的牆壁流出來，那是龍頭與牆內水管沒有結合好所致。由於可能造成樓下漏水，務必要修理好。通常更換彎頭或使用內外牙接頭，就可以輕鬆解決。

難易度 ★★★★☆

工具 活動扳手

材料 彎頭、內外牙接頭、止洩帶

1 關上水表，用活動扳手將連接龍頭與彎頭（安裝在龍頭和牆面之間的連接零件）的螺帽旋鬆，取下龍頭。

2 用活動扳手牢牢鉗住彎頭，往左邊轉，拔下彎頭。

3 將牆內管道周圍的異物刮乾淨。照片的情形是止洩帶堆積管道口的狀態。

4 方法一是更換新彎頭，換成連接部位較長的彎頭，二為連接較長的內外牙接頭，延長彎頭長度。

5 更換彎頭時，最好連正常側也一起更換。首先，將正常側的彎頭取下，新彎頭纏繞止洩帶（參考 p.26），插入壁中管道。用手轉動，無法再轉時，用活動扳手再拴緊一點。

＊ 老房子的話，小心別拴太緊，管道可能會斷裂。

漏水側的水管深埋，所以將內外牙接頭插上新彎頭，延長彎頭長度。將止洩帶分別纏繞在彎頭的立布和內外牙接頭上，然後將內外牙接頭旋入彎頭，再連接到水管上。

用手旋轉彎頭固定，再用活動扳手對齊另一側拴緊。

一邊稍微旋鬆或拴緊彎頭，一邊調整間距，與龍頭對好位置。

確認龍頭的橡膠密封墊圈未脫落。

將龍頭接上彎頭，用活動扳手拴緊。

＊插上或取下活動扳手時，容易產生刮痕。請在調整好充裕的間距之後，再放上或取下活動扳手，拴緊時也要雙手緊握，儘量不移動。

打開水表，旋鬆彎頭螺栓，調整水壓。

更換老舊的壁式龍頭

若要更換老舊的浴缸龍頭，請選購「壁式槓桿單柄式冷熱水混合龍頭」。若是老舊住宅，如無漏水等異常情況，最好別更換連接龍頭與牆壁的彎頭。

❶ 關上水表或旋緊彎頭的螺栓。

❷ 用活動扳手拴鬆連接龍頭與彎頭的螺帽，取下龍頭。

❸ 將橡膠密封墊圈裝上新的龍頭，再與彎頭連接。如果間隔有差距，先連接一側彎頭，然後用活動扳手推拉另一側彎頭，對好間隔。

❹ 旋鬆彎頭螺栓，確認是否出水順利。

❺ 在淋浴器軟管的兩端分別裝上橡膠密封墊圈，然後一頭旋入龍頭，另一頭緊緊旋入淋浴器。

壁式龍頭漏水

閥芯的作用是調節冷熱水，閥芯老舊會產生縫隙，導致龍頭漏水。只要更換閥芯，問題就簡單解決。閥芯的尺寸依龍頭有所不同，請先確認原有的尺寸，再購入相同尺寸的閥芯。

難易度 ★★★☆☆

工具 錐子、一字型螺絲起子、六角扳手

材料 淋浴器龍頭閥芯

用一字型螺絲起子鎖緊彎頭（在龍頭與牆面之間設置的連接零件）的螺栓，把水關掉。

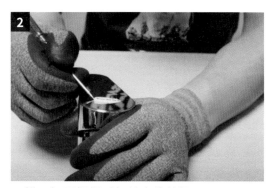

用錐子打開槓桿手柄前方的蓋帽。

旋鬆裡面的螺絲，拆解槓桿手柄。將六角扳手插入螺絲頭的六角凹槽轉動。

解開本體上面的部分拔起，取出閥芯。

將尺寸與間隔相符的閥芯對準凹槽裝上，再以相反順序組裝。

無工具情形下更換蓮蓬頭

淋浴器蓮蓬頭可以簡單更換，但由於太老舊而螺帽不好鬆開，或者連淋浴器軟管都得更換的情況下，如果沒有活動扳手或水管鉗，似乎不易更換。但即使沒有工具，運用家中的廚房用具，還是能輕鬆解決。

難易度	★☆☆☆☆
工具	廚房剪刀（附開瓶器裝置）
材料	淋浴器蓮蓬頭與軟管

若要更換淋浴器蓮蓬頭，用廚房剪刀的開瓶器部分卡緊螺帽，用力抓住手柄和蓮蓬頭轉開即可。

若要更換淋浴器整體，用同樣的器具卡緊與龍頭相連的螺帽，一手緊握剪刀柄，另一手抓住剪刀刃，朝逆時針方向轉一圈，就能輕鬆用手解開。

將橡膠密封墊圈裝上與龍頭相連的淋浴器軟管末端。

戴上手套用手以最大力氣旋緊螺帽，將軟管連至龍頭上。

連接蓮蓬頭的軟管要裝上橡膠密封墊圈，插入蓮蓬頭旋緊。

＊ 如果用剪刀旋緊新龍頭，可能會產生刮痕，儘量用手旋緊。

開水確認是否出水順利、有無漏水。

 用壓蒜器代替活動扳手

沒有活動扳手的時候，壓蒜器也是很棒的替代工具。將螺帽夾在中間，緊握把手部分，然後另一手抓住另一側再轉動即可。

安裝淋浴器滑桿

可掛上淋浴器的滑桿，只要有電鑽就能輕易安裝。沉重的浴櫃必須先打入塑膠壁虎，然後釘上螺絲，但淋浴器架、衛生紙架、輕便的置物架則無需塑膠壁虎，用牙籤就可以牢牢固定。

難易度 ★★★☆☆

工具 電鑽、30～35 公釐水泥用電鑽鑽頭、鎚子、筆

材料 淋浴器滑桿、32 公釐鍍鋅螺絲（經過鍍鋅處理的防水螺絲）、牙籤

1 估一下滑桿的位置，用筆在牆壁上標記，或者用電鑽稍微鑽孔標記。

2 電鑽插上水泥鑽頭，在瓷磚牆上鑽孔。若是使用塑膠壁虎時，將 6.5 公釐的鑽孔鑽頭插上電鑽，在瓷磚牆上鑽孔，然後打入塑膠壁虎，再釘螺絲。

＊ 小心別在冷熱水管道上方鑽孔。

3 將牙籤插入孔中，用鎚子深深打進去。

＊ 若是已有螺絲孔，可以直接使用。螺絲孔通常大小為 6 公釐，這麼大的螺絲孔需要放入多支牙籤才適用。

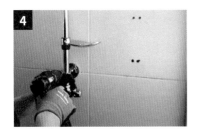

4 釘好鍍鋅螺絲，裝上淋浴器滑桿，確認是否牢牢固定好。

+plus

取下貼在瓷磚牆上的貼紙

❶ 貼紙灑上玻璃清潔劑或以水浸濕。

❷ 用美工刀從上往下推。反覆往旁邊推移，以手抓緊貼紙撕下來。再次噴灑清潔劑或水，用美工刀刮去黏稠的接著劑。使用刮刀會更容易。

安裝浴室置物架

浴室置物架的安裝，先用電鑽在浴室牆壁上鑽孔，釘入塑膠壁虎，再安裝托架即可。若是新手，最好先熟悉電鑽的使用方法，在舊牆等水泥牆上練習過之後再嘗試（參考 p.25）。

難易度	★★★☆☆
工具	電鑽、60～65 公釐鑽孔鑽頭、美工刀、筆
材料	螺絲、矽利康

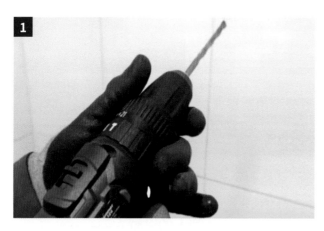

將鑽孔鑽頭插上電鑽，模式改成鎚鑽，然後將速度調整桿調至 1 段或 2 段。

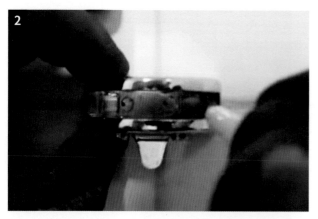

用筆在牆上標示出要鑽孔的地方。在縫隙處鑽孔會更容易些。但如果置物架很重的話，請鑽在瓷磚上。

用電鑽在瓷磚牆上鑽孔。

將塑膠壁虎插入孔中，用鎚子輕輕敲打釘入。這時，小心別弄碎瓷磚。用美工刀將凸出的塑膠壁虎切平整。

釘上螺絲，將托架固定在牆壁上。

將置物架插到托架上，鎖緊下面的螺絲。注意，雖然貼著橡膠密封墊圈，但鎖太緊的話，玻璃置物架可能會破裂。

托架上塗矽利康，即完工。這樣以後才會堅固不搖晃。

SOS! **因為是擋土牆，所以鑽不進去**

電鑽可以使用便宜產品，但鑽孔鑽頭建議使用品質佳的產品。由於牆面太硬，導致鑽孔鑽頭鑽不進去時，先用細鑽頭稍微鑽一下，再用粗 6 公釐的鑽頭鑽孔，作業比較容易。

浴室

安裝毛巾架

安裝毛巾架時，通常必須先將托架黏貼在牆壁上，然後掛上毛巾架，不過也可以用雙面膠帶輕鬆貼上。雙面膠帶的黏著力會隨時間下降，所以訣竅是用矽利康修整。衛生紙架或淋浴器蓮蓬頭架等亦適用。

難易度 ★★★☆☆

工具 矽利康槍

材料 厚度 1 公釐以上的雙面膠帶、矽利康

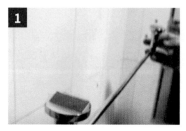
將毛巾架插到托架上，貼上雙面膠帶。

將毛巾架緊壓貼到牆面上。

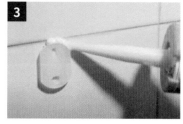
輕取出毛巾架，托架周圍黏至牆面的部分塗上矽利康。

重新掛上毛巾架。

用手指抿去露出來的矽利康。

放置一天至凝固再使用。

* 若要更加堅實固定，請再塗一次矽利康。

 +plus **填平瓷磚牆上出現的洞孔**

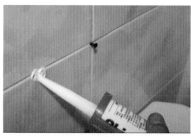
❶ 把矽利康擠入洞裡。

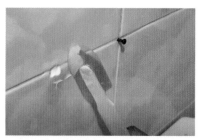
❷ 用矽利康專用刮刀修整，將矽利康填滿洞內，然後整平表面。

牆角置物架鬆動

浴室常設有牆角置物架,但時間久了多會搖晃或歪斜。
這是塑膠壁虎鬆掉所致。拔除現有的塑膠壁虎,打入較
粗的塑膠壁虎,再重新掛上就可以牢牢固定。

難易度 ★★★☆☆

工具 電鑽、60 ~ 65 公釐鑽孔鑽頭

材料 螺絲、60 公釐塑膠壁虎

1 將置物架下方的螺絲全都旋鬆,取下置物架。

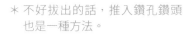

2 拔除塑膠壁虎。把螺絲插在塑膠壁虎上,較容易拔出。

＊ 不好拔出的話,推入鑽孔鑽頭也是一種方法。

3 將鑽孔鑽頭插上電鑽,在牆上鑽孔。

4-1

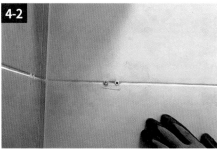

4-2

打入比原本更粗一點的塑膠壁虎,然後用美工刀削平整。

5 靠好置物架,下面釘上螺絲。

＊ 如果還是會晃,打入更長更粗的塑膠壁虎,而且連瓷磚後面的水泥也釘上螺絲。

更換馬桶進水器－單體式

有時水箱會不斷發出積水聲，這是調節水位的進水器故障所致。進水器壞掉的話，水會停不下來。因此，若是水費突然飆高，就要檢查一下進水器。以下介紹更換進水器的方法。

難易度 ★★★☆☆
工具 活動扳手（或水管鉗）
材料 單體式進水器

關閉三角凡而（水管凡而），沖水排空水箱。

旋鬆與水箱相連的三角凡而。如果徒手不好旋鬆，請用活動扳手。

＊ 若要更加堅實固定，請再塗一次矽利康。

旋鬆水箱下方固定進水器的螺帽。利用活動扳手,或者握住水箱裡的進水器,晃動至稍微鬆開的程度,螺帽也會連帶鬆開。

拔開連接水箱內部的橡皮管,取出進水器。

鬆開新的進水器的螺帽,放入水箱,鎖緊下方螺帽,然後用活動扳手牢牢固定。

連接水管,檢查有無彎折之處。

＊水管彎折的話,無法順利出水。

將橡皮管重新插上進水器,同時連至水箱。固定至水箱時,先將螺栓插入孔中,然後連接橡皮管。

打開三角凡而,待水漲到一定程度後,按下進水器上的紅色按鈕,調節水量高度。

浴室

更換馬桶進水器－分離式

如果馬桶的沖水把手漏水或一直發出水聲,可能是調節水位的進水器壞掉。請選購符合馬桶型號的進水器做更換。重點是擺放時要避免進水器碰到水箱壁面或其他配件。

難易度 　★★★☆☆
工具　　活動扳手 (或水管鉗)
材料　　一般進水器

關閉三角凡而 (水管凡而) , 沖水排空水箱。

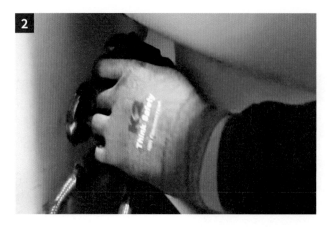

旋鬆與水箱相連的三角凡而。如果徒手不好旋鬆,請用活動扳手。

旋鬆水箱下方固定進水器的螺帽。利用活動扳手，或者握住水箱裡的進水器，晃動至稍微鬆開的程度，螺帽也會連帶鬆開。

拔開連接水箱內部的橡皮管，取出進水器。

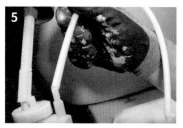

將軟管（編按：即補水管）插在新的進水器上。

將進水器放入水箱，下方插上螺帽，用活動扳手鎖緊。這時請注意，別讓進水器碰到水箱壁面或其他配件。

連接進水器的軟管側端，放入中間的落水器管內夾好。

＊ 水壓強的話，軟管可能會脫落，所以一定要用夾子固定。馬桶裡蓄水不滿而散發惡臭的原因，正是軟管脫落所致。

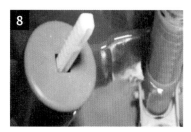

水管連接馬桶，打開進水器，水箱注滿水，然後上下移動灰色浮筒，調節水量，愈往下愈省水。

更換馬桶配件—單體式

如果馬桶老舊、故障頻繁,更換整套配件可能更好。水箱與馬桶相連的單體式馬桶、兩者分離的分離式馬桶配件不同,因此,請事先確認好現有馬桶的配件後再選購。

難易度	★★★☆☆
工具	一字型螺絲起子、活動扳手(或水管鉗)
材料	坐式馬桶一般把手配件、單體式坐式馬桶配件

1 關閉三角凡而(水管凡而),沖水排空水箱。

2 拔開水箱內與進水器相連的軟管。

3 解開繫在把手槓桿上的鏈條,握住把手的兩側,將螺帽轉開。

4 旋鬆水箱底的螺帽,取出進水器。

5 與止水皮(蓋狀)相連的配件,用手彎折卸下。

6 具給水作用的落水器,中間釘有螺絲,以一字型螺絲起子將螺絲轉至半鬆,扭轉落水器會鬆動的話,螺絲稍微再旋鬆一點。

小心別讓螺絲下方的半月彎零件掉下去，將落水器完全拔出。

預先旋鬆新落水器的螺絲，使半月彎可鬆動。

將落水器插入水箱中間的洞孔，用一字型螺絲起子鎖緊中央的螺絲。

旋鬆水箱底的螺帽，取出進水器。

從下方鎖緊螺帽，用活動扳手牢牢固定。

將止水皮插上落水器，發出「喀噠」聲。

軟管一端先插上進水器，另一端放入落水器管內，夾好固定。調整別讓進水器碰到水箱壁面或其他配件。

14

鬆開把手的螺帽,插入洞孔,
鎖緊螺帽。

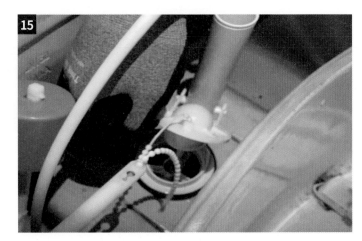

15

將止水皮上繫的鏈條連至把手槓桿。按沖水把手看看,調
節鏈條,太短或太長都不行。

16

將高壓軟管連至進水器。

17

打開三角凡而,馬桶注滿水。

18

將進水器的浮筒稍微往下調,
別讓水位過高,按下沖水把手,
確認沖水順暢。

+plus **馬桶把手故障時**

打開馬桶水箱蓋,檢查把手的固定螺帽。如果
螺帽壞了,購買配件更換;如果螺帽鬆掉,以
逆時針方向鎖緊。

更換馬桶配件－分離式

馬桶換新可以不換整座馬桶,只換配件。先仔細
檢查橡膠密封墊圈,調整好進水器、落水器的位
置,再做更換。單體式馬桶和分離式馬桶的馬桶
配件不同,購買時須注意。

難易度 ★★★★☆

工具 活動扳手(或水管鉗)

材料 坐式馬桶一般把手配件、
把手槓桿型坐式馬桶配件

關閉三角凡而(水管凡而),
沖水排空水箱。

取下與水管相連的高壓軟管,
用活動扳手或水管鉗旋鬆螺
帽。

其他固定螺帽也全都旋鬆。

把手的螺帽,按順時針方向轉
鬆。

塑膠製的長型固定螺栓2個,
分別插上橡膠密封墊圈。

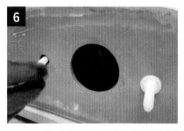

螺栓放入水箱內,從下方以螺帽
固定。

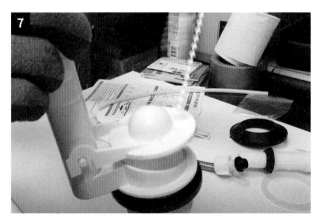

這是具給水作用的落水器。先將止水皮
夾在落水器的管部。

8

將落水器放入水箱底中央的洞
孔。

＊ 從馬桶前方看來，落水器的管
　部應保持與照片一樣的位置（
　1點鐘方向）。

9

從水箱底插上螺帽，然後用水
管鉗鎖緊。

＊ 從水箱內握住落水器，再鎖緊
　螺帽，才不會空轉。因為套有
　橡膠密封墊圈，別鎖太緊。

10

將軟管插上進水器。

11

將進水器放上水箱底孔，從底
部插上螺帽。

＊ 單手握進水器，使之不動，再
　鎖緊螺帽。

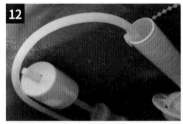

12

將進水器的浮筒適當下調，軟
管放入落水器管內，夾好固
定，然後調整別讓進水器碰到
水箱壁面或其他配件。

13

將把手插入孔中，以逆時針方
向旋緊螺帽固定。

＊ 把手除了一般型，還有側把手、
　側按鈕等多種，務必確認現有
　款式。

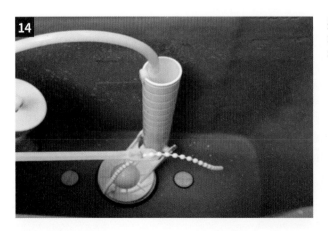

14

將連至落水器止水皮的鏈條連接到把手
槓桿上。沖水時，鏈條太長或太短都不
行，請調節固定好。

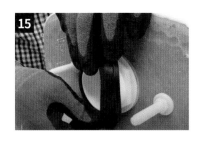

15

將防滲密封墊圈套入中間的螺帽。

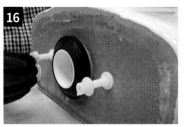

16

將水箱安放在馬桶本體上，從下方鎖上 2 個稍長一點的螺栓。

17

將高壓軟管分別連至進水器和水管。務必確認軟管末端是否有橡膠密封墊圈，進水器緊握旋緊，才不會一起轉。打開三角凡而，裝滿水後，確認有無漏水之處，然後沖水試試看。

+plus 馬桶發出漏水聲時 ────────────────────

馬桶發出漏水聲的話，應是與把手槓桿和落水器止水皮的鏈條太短，或者進水器發生問題。請打開水箱檢查。

如果沖水時沒有充分出水，往往是與止水皮相連的鏈條太長所致。反之，如果鏈條過短，則會發出漏水聲。請取下鏈條，調整至適當長度，再重新插入。

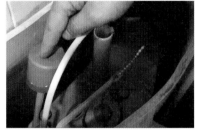

進水器的浮筒有調節水位的作用，過高的話，水可能會溢出來，所以要適當下調。進水器碰到水箱壁面或其他配件的話，水無法順利升上來，水不滿就會發出聲音。請移動調整，別讓進水器受阻礙，不行的話，移動水箱底部的螺帽，調整位置。

安裝免治馬桶座

近來許多人家中都安裝免治馬桶座。免治馬桶座的安裝方法不難，不請專人也可以自行動手。無論哪一廠牌，安裝方法都差不多，重點在於固定板的安裝和噴嘴的連接。

難易度 ★★☆☆☆
工具 電鑽
材料 免治馬桶座

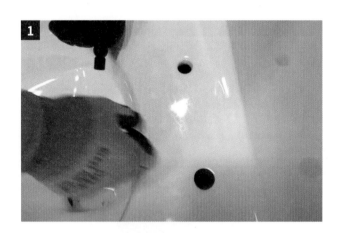

拆下馬桶蓋，然後將橡皮套管插入馬桶的便座安裝孔。

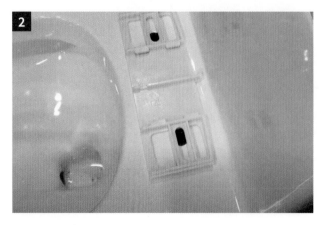

將固定板對準橡皮套管孔。

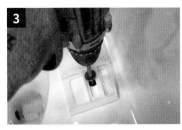

3

插入螺栓鎖緊。別鎖得太緊，鎖至固定板不晃動的程度即可。

4

合對固定板的溝槽放置免治馬桶座，將便座推入固定板，直至聽到「喀嚓」聲為止。

5

關閉三角凡而，然後旋鬆螺帽，拔出相連的軟管。

6

將免治馬桶座專用T型閥（三通接頭）連至拔出軟管之處。

7

將軟管重新連接至T型閥。

8

剩下的一處連至免治馬桶座本體。

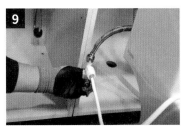

9

打開三角凡而，確認沒有漏水，插上電源測試。

tip 使用按鈕，拆卸更容易

為更換或清理便座，要拆卸免治馬桶座時，按下側面按鈕，再往前拉即可。

tip

異味由換氣扇進入室內

公寓大樓不時會由浴室換氣扇傳入煙味等惡臭。只要換氣扇安裝風門，問題就能解決。換氣扇開啟時，風門會打開，排出臭味；換氣扇關上時，風門會關閉，阻斷外部臭味。如果換氣扇的力道弱，風門葉扇不易打開，宜儘量更換為性能佳的產品。

難易度 ★★☆☆☆

工具 電鑽、錐子（或剪刀）

材料 換氣扇、換氣扇風門、螺絲、絕緣膠帶

將錐子或剪刀插入換氣扇蓋子側面的溝槽，卸下蓋子。

將螺絲全部拆下。

取出伸縮換氣扇配管，一手握住配管，一手握住換氣扇，扭轉拔開。

拔掉天花板上電源，取下換氣扇。

＊換氣扇若正常，可不拔插頭，清潔後直接安裝風門。

將風門安裝在新的換氣扇後側，接縫處以絕緣膠帶纏繞，防止漏氣。

插上換氣扇的插頭，嘗試運轉。風門如照片所示打開的話，即屬正常。

繫緊配管上的束帶，接縫處以絕緣膠帶纏繞。

將配管推放入出風口，鎖上螺絲，然後蓋上蓋子。

浴缸矽利康發霉

浴缸的矽利康久了可能會發霉、裂開、漏水。請專人維修所費不貲，其實有新手就能處理的方法。利用刮刀型的矽利康膠嘴，作業時間可以縮短，施工也更順暢。

難易度	★★☆☆☆
工具	美工刀、矽利康槍、15 公釐矽利康膠嘴刮刀
材料	防黴性能矽利康

1

將美工刀插入矽利康和底面之間，劃過切開，再沿壁面劃過一次，將矽利康刨下。

2

通常的做法是將矽利康插上一般膠嘴，打出矽利康，然後用專用刮刀整平；如果使用矽利康膠嘴刮刀，可以一次完成，更為方便。

＊ 刮刀寬幅有 10 公釐、15 公釐、20 公釐等。浴缸的矽利康施工適用 15 公釐。

3

將矽利康劑插入矽利康槍，裝上膠嘴刮刀，如一口氣劃線般打出矽利康。刮刀的作用是讓矽利康光滑平整。

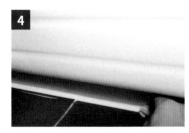

4

塗完矽利康後，拔起膠嘴刮刀洗淨，再以反方向掃過一次矽利康，這樣會更光滑平整。

5

用美工刀將沾在周圍的矽利康直接刮掉。

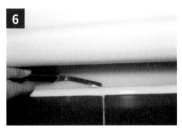

6

溢出線外的矽利康，待完全乾掉之後，再用美工刀裁除。

馬桶下方水泥裂開

塗在馬桶和地板之間縫隙的水泥，隨著時間會發霉或裂開。新手施工時，很容易弄破水泥、碰到馬桶。這時候，建議的方法是在現有水泥上再塗一層。

難易度	★★☆☆☆
工具	美工刀、海綿、乳膠手套
材料	填縫泥、防水砂漿膠粉、水

1 戴上乳膠手套，將填縫泥放入密實的塑膠袋中。

＊ 比起一般白水泥，填縫泥較不易裂開。可購買少量，適合家中作業。

2 摻入 1 小匙左右的防水砂漿膠粉，增強黏度。

＊ 填縫泥並非完全不會裂開，為了防裂，最好摻一點防水砂漿膠粉。

3 加入少許水，搓揉和勻，確認黏度，必要的話再添加。

4 連塑膠袋一起搓揉和勻。中間不時打開看看，確認狀態，再加入水或填縫泥，使呈現比黏土更軟一點的狀態。

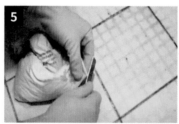

5 將塑膠袋口綁緊，將泥糊收在一角，用美工刀將末端切 1～2 公分，做成擠花袋狀。

6 在馬桶底處擠出泥糊，沿邊緣塗抹。因為之後會再修整外觀，簡單塗抹就好。

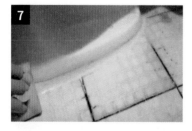

7 用海綿沿邊緣擦拭，使之光滑平整，海綿浸水擰乾，再擦一遍。

＊ 若在面盆沖洗沾有水泥的海綿，排水口可能會堵塞。請另外接水清洗，當成垃圾丟棄。

瓷磚縫隙變髒

浴室瓷磚老舊的話,縫隙會變髒,還有多處破碎。重新施工的費用可不少,其實親自試做並不難。但是,清理縫隙很耗時,處理整間浴室要抓一天的時間。

難易度 ★★★★☆

工具 瓷磚縫隙清理器(清縫器)、矽利康用刮刀、泥糊專用碗、海綿、矽利康槍

材料 白水泥、水

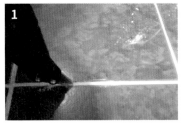

1 將清縫器貼在縫隙上,雙手用力推拉,刮除髒縫隙,注意別刮到瓷磚。

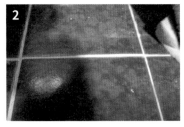

2 中間不時用海綿清除碎末,刮到凹陷至 3 ～ 4 公釐深。

3 將白水泥倒入要拌泥糊的碗,倒入少許水,攪拌均勻。比例以 2:1 為宜,比黏土軟一點即可。

4 用刮刀舀取適量的白水泥糊,填至瓷磚縫隙。

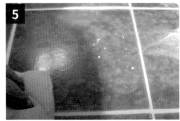

5 白水泥乾之前,用海綿擦拭周圍。

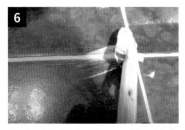

6 沒有填好的部分,用刮刀補充白水泥,再用海綿擦拭。

＊ 白水泥全乾前,別踩到也別碰水一天左右。

⌂ +plus 浴室地板排水口清掃要領

浴室地板的水沒辦法順利流下去時,清理落水頭就能輕易解決。最重要的是要在堵塞之前先清理好。如果蓋子下方的水封夾了很多頭髮等異物,水就無法順利流下去。

有時水封拆不起來,可以將蓋子豎立,插在水封上旋轉,就能輕鬆取出。去除裡頭的異物再擦乾淨,也有防臭的效果。

浴室

替換碎瓷磚

浴室牆壁上常有破掉的瓷磚。不僅看起來不美觀，打掃也怕會傷到手，最好把碎瓷磚換掉。購買相同尺寸的瓷磚，用白水泥黏好，就很整潔美觀。而且，裁切瓷磚並不難，一個人也做得到。

難易度 ★★★★☆

工具 美工刀、鎚子（羊角鎚）、螺絲起子、海綿、捲尺、封箱膠帶、塑膠袋、矽利康槍

材料 瓷磚、白水泥、水、矽利康

測量碎瓷磚的尺寸，在瓷磚店裁切購買。最好多買一兩塊。

用美工刀切掉碎瓷磚周圍的矽利康，縫隙也儘量刮出來。

為避免周圍瓷磚碎裂，層層貼上封箱膠帶，然後沿著碎瓷磚的外圍線切劃。

用鎚子的尖部輕輕敲打碎瓷磚，使其碎成小塊。

＊ 即使費時，最好還是一點一點敲碎。

通常中間沒有空隙，所以要敲打邊緣處，找到會發出「咚咚」中空聲音的脆弱部分，再用鎚子粗端用力敲碎。

掉不太下來的部分，對好螺絲起子，再用鎚子敲，就能輕易敲碎。

將瓷磚全部拆掉，撕下膠帶，然後用美工刀或螺絲起子將邊緣縫隙去乾淨。

試試看新瓷磚是否裝進去剛剛好。要領是粗糙切面達到打矽利康的部分（照片中的右側）。

出現段差之處，用螺絲起子和鎚子整平。

準備白水泥。

＊ 使用 PU 矽利康的黏著力更佳，但白水泥在價格方面更經濟實惠。

將白水泥和水放入密實的塑膠袋中，搓揉一段時間，做成比黏土更稀一點的軟泥糊。

將塑膠袋翻過來，在牆壁上均勻抹開白水泥。

白水泥未填滿之處，用碎瓷磚片仔細填滿。

14	15	16

裝入瓷磚，用拳頭輕輕拍打，然後左右移動推放，將瓷磚無段差貼好。

用剩下的白水泥填滿縫隙，以指尖擦拭乾淨。

用衛生紙或沾水的海綿擦拭周圍。待白水泥全乾後，邊緣部分塗上矽利康（參考 p.30）。

+plus 無工具裁切瓷磚

購買裁切成所需尺寸的瓷磚固然方便，但使用筆刀或錐子，在家也可以簡單裁切。要點是不使力，輕輕折斷。

❶ 用油性筆畫線，然後用筆刀、玻璃刀或錐子沿線割劃。起點與終點，特別用力按壓割劃。

❷ 下面墊一塊瓷磚，對準切割線放上瓷磚。切割線下方也可以放置洗衣店給的鐵絲衣架。

❸ 一腳穩穩踩上瓷磚，另一腳輕輕踩斷要裁切的部分。

+plus 更簡易的方法是碎瓷磚加貼

碎瓷磚拆下重貼是正規做法，但在邊角的話，也有非常簡單的加貼法。若是在洗衣間、陽台、倉庫等美觀不成大問題的地方，建議可以試試看。

❶ 將瓷磚擦乾淨，去除異物後，用雙面膠帶貼成一字型，再一點一點塗上矽利康。

❷ 貼上大小可以遮蔽碎瓷磚的瓷磚。

❸ 在貼上的瓷磚四周塗上矽利康。

修補浴室門

浴室門下面的部分經常濺到水,容易腐朽或翹起。更換整扇門的費用高昂,切實修補又作業過程不易。以下介紹使用大型文具店販售的 PVC 發泡板進行簡單修補的方法。

難易度 ★★★☆☆

工具 美工刀、100 ~ 150 號砂紙、乾抹布

材料 PVC 發泡板、雙面膠帶、軟管矽利康

1 購買裁切好的 PVC 發泡板,直向高度要比待修補的部分多一點,橫向寬度比門短 1 公分左右。裁切好的 PVC 發泡板背面貼上雙面膠帶。

＊ PVC 發泡板與壓克力板類似,但比較便宜。在招牌店、壓克力店、大型文具店等都買得到。

2 浴室門翹起的部分,用美工刀裁切。粗糙不平的部分,用 100 ~ 150 號砂紙磨勻,然後用乾抹布擦拭。

3 撕掉 PVC 發泡板上雙面膠帶的離型紙,在上面和中間部分塗上矽利康。

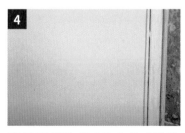

4 門扇兩側約留 0.5 公分 (塗矽利康之處),緊緊按壓貼上 PVC 發泡板。

5 將矽利康塗上 PVC 發泡板和門扇之間的縫隙,避免進水。

6 用沾了水的手指推抹矽利康,使之平順光滑。

7 側面也以相同方法塗上矽利康,不留空隙。

8 開門看看,確認鉸鏈部分或門檻沒有卡到的情形。

更換浴室門

浴室門常碰水，比其他房門壞得快。雖然更換門扇的工作感覺很難，但只要精確測量尺寸，抓好把手位置，一個人也可以更換。務必遵守鉸鏈拆卸和安裝的順序，才能輕鬆處理沉重的門扇。

難易度 ★★★★★

工具 電鑽、捲尺

材料 門扇、子母鉸鏈、螺絲

精確測量門的尺寸。橫向長度測量上、中、下三處，直向長度測量左、右兩側。以其中最短的長度來訂製。

抓好安裝把手的洞孔位置。從下方量起直到門框鎖門（門關上時卡扣的部分）的洞孔正中央，再減去 5 公釐。

* 減去 5 公釐，門比門框稍微提高一點，開關較容易。鎖門孔 2 個時，以上方洞孔為基準。

直接使用門框時，剪一小塊門扇的貼皮，儘量選擇顏色相近的門扇。

按照中、下、上順序拆卸鉸鏈。

* 不碰觸門、小心旋鬆螺絲的話，鉸鏈插在凹槽內，門扇不會掉落，可進行作業。門扇下方鋪墊紙或木頭等會更安全。

5

將房門用子母鉸鏈插入門框凹槽。

* 凹槽窄小時，對好一字型螺絲起子，用鎚子敲打刨挖。

6

釘上螺絲，安裝鉸鏈。

7

新門扇下面墊著托架，緊貼鉸鏈旁側豎立。

8

對準最上方鉸鏈的翼板凹槽，緊貼門扇，然後在下方洞孔只釘上一顆螺絲。

* 在鉸鏈上釘螺絲時，必須準確釘在洞孔正中央。如果釘在邊緣，鉸鏈受推擠時會錯位。

9

在最下方鉸鏈釘上一顆螺絲。

10

開關門確認，然後將剩下的螺絲全部釘上。

11

安裝把手，作業完成（參考 p.42）。

SOS! 如果浴室的門關不好

如果浴室的門會碰到門框而卡卡的、門關不好，原因是門框泡水變高所致。可以調整重疊的情形，把門往上提高一點。

❶ 拆下最下方的鉸鏈。

❷ 在門扇下面墊著托架。

❸ 在最上方鉸鏈的空孔，將螺絲儘量往下釘。此時，要領是不完全釘住，只釘一半的程度。

❹ 拔出現有已釘的螺絲，然後將門扇往上提，把只釘一半的螺絲全部釘好。這樣將螺絲釘好之後，門扇會稍微抬高。

❺ 將最下方的鉸鏈重新釘好。

＊ 門關不好的情形嚴重時，測量門與門框的差異，然後再次把門取下，按照差異程度提高裝上。

window

修理窗輪

窗戶卡卡不好開時，請確認一下滑輪，輪子常有磨損而產生稜角的情形。修理滑輪或更換新的滑輪即可簡單解決，但即使不更換，也有用電動砂輪機修理的方法。

難易度 ★★★★☆

工具 電鑽、尖嘴鉗、一字型螺絲起子、十字型螺絲起子、剪刀、電動砂輪機、工作手套

將窗戶往上提取出，然後側立，用電鑽旋鬆底面滑輪的螺絲。

將尖嘴鉗插入窗戶下方縫隙，拉出滑輪。

滑輪的鋁質外殼碰到輪子的情形很常見。將一字型螺絲起子插入鋁質外殼與輪子之間，撐開縫隙。

確認輪子是否滾得順，並將縫隙中的異物清除乾淨。

用十字型螺絲起子旋鬆調整高度的螺絲，使輪子儘量伸出滑輪外。

將變形的輪子用砂輪機磨圓。

＊ 使用砂輪機時，務必戴上手套，刀部加裝保護蓋，然後與身體反向作業。

如果輪子出不來，用剪刀稍微剪掉鋁質部分或用砂輪機切，讓輪子順利露出來。

測試看看滑輪的輪子是否順利轉動。

將滑輪插回原位，旋緊螺絲。

將窗戶從上方插入窗外框，然後推入下方裝好。

窗戶歪斜

窗戶歪斜而上下出現縫隙的情況很常見。這時可以藉由調整窗框底面兩側的滑輪高低來解決。提高傾斜側的輪子，降低相反側的輪子，以校準水平。

難易度 ★★★☆☆
工具 十字型螺絲起子

窗戶歪斜時，要校準安裝在窗框底面的滑輪，使之平衡。

將窗戶往上提，然後取出。

窗戶側立，底面可以看到裝有2個滑輪。確認有無破損情形，如有破損，務必更換。

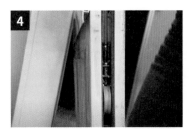

傾斜側的滑輪，用螺絲起子鎖緊側面的螺絲，使輪子向外突出。

相反側的滑輪，用螺絲起子旋鬆側面的螺絲，使輪子往內縮進。

與取出窗戶時相反，窗戶上方先對好窗外框，將下方推入插好。若還有縫隙的話，再次調整輪子的高度。

+plus 如果無法取出窗戶

若窗戶沉重或難以取出，也可不取出窗戶，將螺絲起子放在下端側面洞孔，旋鬆或鎖緊螺絲，校準滑輪水平即可。一旦滑輪損壞而完全塌下，就得取出窗戶更換。

更換紗窗輪

更換滑輪的方法，高光烤漆窗框和鋁窗框略有不同。若是高光烤漆窗框，只要旋鬆螺絲，取出滑輪換新即可。若是鋁窗框，本來得拆卸窗框才能取出滑輪，但也有非常簡單的方法就能更換。

難易度 ★★☆☆☆

工具 電鑽、鋼絲鉗

材料 高光烤漆窗框滑輪、鋁窗框滑輪

更換高光烤漆窗框滑輪

1 旋鬆螺絲，取下現有滑輪。

2 將新滑輪照原樣插回去，鎖緊螺絲。

更換鋁窗框滑輪

1 用鋼絲鉗撐開窗框縫隙。

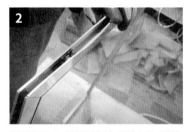

2 將裡頭 2 個滑輪的螺絲全都旋鬆。

3 用鋼絲鉗或剪刀等取出滑輪。

4 插入新滑輪，旋緊螺絲。

5 用雙手緊壓窗框，將撐開的縫隙重新靠攏。

更換紗窗

雖然更換紗窗的費用低廉，任何人都可以輕鬆完成，但若是紗窗框與軌道的段差（間隙面差，英語：gap and flush）不合，取下與安裝紗窗並非易事。特別是高樓層，要注意別讓紗窗掉落，避開強風日。最好有兩人在雙側抓握作業。

難易度 ★★★☆☆

工具 電鑽、剪刀、橡膠圓條專用壓條滾輪

材料 20～25 目鋁質紗網、6.5 公釐橡膠圓條（壓條）、紗窗把手

1

在五金行或網上購買紗窗、橡膠圓條、專用套組。

2

拆下紗窗框，然後旋鬆螺絲，取下把手。

3

找到夾在紗窗邊緣的橡膠圓條的端頭，用壓條滾輪的尖端拉出來。紗網也取下收掉。

4

用剪刀裁剪鋁質紗網，比施工面多留邊 7～8 公釐左右。

5

一手壓鋁質紗網不動，慢慢滾動壓條滾輪的平槽輪，將鋁質紗網插入窗框溝槽。

＊ 請注意，如果來回推壓條滾輪時太用力，可能會撕裂紗網。

6

邊角斜切，留邊 7～8 公釐。

7

從一側邊角開始,用壓條滾輪的凹槽輪夾入橡膠圓條。

＊ 夾的時候稍微拉著橡膠圓條,會比較好夾進去。

8

稜角部分,彎折橡膠圓條,然後用壓條滾輪的尖端用力壓進去。

9

過一段時間,橡膠圓條會縮短,所以多留 10 公分左右,重疊夾入,然後剪斷。

＊ 如果用壓條滾輪的尖端壓住,然後用力拉,沒有剪刀也可以輕鬆切斷橡膠圓條。

10

安裝新的把手。

11

將紗窗抽出窗外。

12

將紗窗插入窗外框上方溝槽。

13

將紗窗一舉向上提,下面部分往內跨入溝槽。

14

紗窗跨不過來時,將下方部分稍微彎曲,插入溝槽。首先,左手緊緊握住把手側。

15

左手慢慢往外推,同時,右手將紗窗的下方部分往內拉,跨入溝槽。

紗窗一側跨進來時，從外側拍打，讓紗窗儘量跨入溝槽。

對側的下方部分也以相同方法跨進來插好。

＊ 有窗戶的話，拍打紗窗，移至對側，再把窗戶推到旁邊，繼續作業。

⌂ +plus **輕易取下與安裝陽台紗窗**

 只要段差相合，取下與安裝紗窗並不難，但情況常常比較麻煩。以下介紹專業師傅的解決方法。

・取下

❶ 用腳推紗窗下方部分，握住窗框中間，然後往前拉，讓紗窗朝外脫落。

＊ 必須調整力量，像拉弓一樣輕輕彎曲紗窗。注意，如果拉得太用力，鋁框可能會彎曲變形。

❷ 紗窗脫離軌道至某一程度，雙手握住紗窗中間，腳用力推，將紗窗完全抽出窗外。

❸ 緊握紗窗，往旁側斜轉，拿進屋內。

・安裝

將紗窗往旁側斜轉，抽出窗外，然後往上提，插入窗外框。用腳輕推下方部分，拉住紗窗，將下方部分插入軌道。

窗戶

無橡膠圓條安裝紗網

更換紗網時，如果覺得夾入橡膠圓條的作業麻煩，這是簡便的施工方法。將鋁質紗網留邊裁好放上去，不用橡膠圓條，用滾輪搓，把紗網整整齊齊折入縫隙即可。這樣的話，無須擔心之後橡膠圓條掉落，十分便利。

難易度 ★★★★☆

工具 剪刀、橡膠圓條專用壓條滾輪

材料 20～25目鋁質紗網

將鋁質紗網放上紗窗框，留邊 6～7公分進行裁剪。

邊角一刀斜切。

慢慢滾動壓條滾輪的平槽輪，將紗網插入窗框溝槽。

＊ 另一隻手壓在紗網中間，避免紗網歪扭。

將滾輪從紗網右側向左斜放，滾兩三次。滾動方向改變，紗網會隨之深入縫隙。

將滾輪從紗網左側向右斜放，再滾兩三次。反覆直到紗網完全插入為止。

紗網完全插入後，滾輪正立，再搓兩三次。

將紗網輕輕向反側拉平，別太用力。以相同方法將紗網全部插好。

邊角部分，用壓條滾輪的尖端用力壓入插好。

安裝高密度紗網

高密度紗網強度與金屬相似，網目更密，可阻擋果蠅等小蟲飛入，還能產生靜電而有阻斷沙塵暴、花粉、灰塵等效果。清理較容易也是優點。唯價格昂貴，有的產品可能透氣性較差。

難易度 ★★★★☆

工具 美工刀、剪刀、橡膠圓條專用壓條滾輪

材料 30 目高密度紗網、6.5 公釐橡膠圓條（壓條）、瞬間接著劑

裁剪高密度紗網，剪得比施工面寬一點，放上紗窗框，將四邊平整拉好，用夾子固定。

從一側邊角開始，用壓條滾輪的尖端壓住橡膠圓條，塞入窗框溝槽。

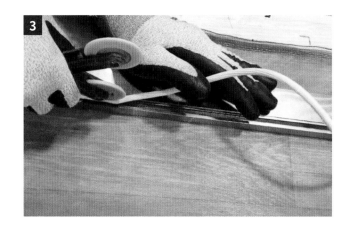

用壓條滾輪的凹槽輪夾入橡膠圓條。
這時，一手拉紗網，繃緊紗網。

轉角時，像最初開始一樣，用
滾輪尖端刺入橡膠圓條，然後
彎折。

最後，橡膠圓條稍微留一點再
剪掉。

檢查紗網是否繃緊夾好，若有
鬆弛之處，一邊從外面拉紗
網，一邊滾動滾輪，將橡膠圓
條塞得更深。

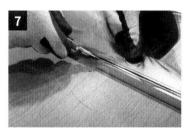

將美工刀放入橡膠圓條與窗框
之間，裁掉多餘的紗網。這時
注意別切到橡膠圓條。

＊ 若要修整得乾淨俐落，最好使用
　 性能佳的美工刀。

邊角處塗上瞬間接著劑，牢牢
固定。其他處也可以稍微塗一
點。

＊ 注意，瞬間接著劑塗太多的話，
　 未來更換紗網可能會有困難。

窗戶

安裝蚊帳紗窗

在五金行買蚊帳,直接裝在沒有紗窗的窗外框上也是一種方式。這只要花一些費用,就能輕鬆安裝,夏天過後也可以取下。以下介紹美觀牢固的安裝要領。

難易度	★★★☆☆
工具	剪刀、捲尺、乾抹布
材料	蚊帳網、夾紗條、軟管矽利康

要安裝蚊帳的窗戶,測量其長寬。在五金行購買蚊帳網和夾紗條。

裁剪蚊帳網,大小比窗戶多留邊5公分以上。

夾紗條比對窗外框，測量長度。

用剪刀裁剪夾紗條，長度與窗外框同長。末端斜切，讓 2 個直角相交。

用乾抹布將窗外框擦乾淨，然後打開夾紗條的蓋子，撕掉背面的離型紙，貼在窗外框上。

將斜切的末端部分對正貼好，窗外框四邊全部貼上。

將夾紗條的蓋子與蚊帳疊合提起，從窗外框上方開始安裝。

推蓋子插入，安裝蚊帳，同時一手將蚊帳稍微往旁邊拉，這樣才平整不皺。

全部安裝之後，每個邊角塗上一點矽利康，牢牢固定。

更換毛刷擋縫條—鋁紗窗

貼在窗框的毛刷擋縫條，具有防風、防蟲和防噪音的重要作用。但腐化的話，不僅機能減低，每次開關窗戶時，玻璃纖維碎裂飛散，對健康也有危害。這時最好換新。鋁框窗戶的毛刷擋縫條，也以相同方法更換。

難易度	★★★☆☆
工具	尖嘴鉗、剪刀、口罩、工作手套
材料	鋁窗框用毛刷擋縫條（無背膠款）

1 緊握紗窗下方部分，向上提起。

2 紗窗下方部分從軌道朝外脫落的話，穩穩抓好，整個拔出，再拿進來。

3 紗窗側立，用尖嘴鉗夾住邊角一側，弄出縫隙。

4 用力握尖嘴鉗，在此狀態下，從縫隙中把一整條毛刷擋縫條拉出來。

＊取出毛刷擋縫條時，灰塵很多，務必戴上口罩和手套。

5 在取出毛刷擋縫條的位置，插入新的毛刷擋縫條，然後一整條推到底。這時，原本用尖嘴鉗抓著的邊角部分，現在用手輕握即可。

6 拉緊整理好之後，剪掉多餘的毛刷擋縫條。

7 拿尖嘴鉗或剪刀，用力夾緊邊角歪掉的部分，使其恢復原樣。

128

窗戶

更換毛刷擋縫條—高光烤漆窗框

玻璃纖維製的毛刷擋縫條,時間久了會碎裂,所以最好換新。若是沉重的高光烤漆窗框,不用取下,用吹風機就可以輕鬆更換。取出毛刷擋縫條時會起灰塵,最好戴上口罩作業。

難易度	★★★★☆
工具	尖嘴鉗、剪刀、吹風機、口罩、工作手套
材料	高光烤漆窗框用毛刷擋縫條(無背膠款)

更換紗窗毛刷擋縫條

1

從窗外框取出紗窗,然後用剪刀在上側邊角劃幾刀,將毛刷擋縫條和熔接的部分稍微剪碎。

＊ 由於是毛刷擋縫條遮住的側面,從前方看不出來。

2

毛刷擋縫條根部露出之後,用尖嘴鉗或剪刀尖端抓緊。

3

這樣抓住取出,就能把一整條毛刷擋縫條抽出來。

4

從紗窗的破口處,將新的毛刷擋縫條插入溝槽。

預留將插入頂部剩餘溝槽的長度，裁剪毛刷擋縫條。

將毛刷擋縫條插入頂部，用尖嘴鉗拉至平整。

更換窗戶毛刷擋縫條

一般來說，高光烤漆窗框沉重，所以只抽出毛刷擋縫條，不取下窗框本體。側面用吹風機加熱，然後稍微撐開窗框，以便取出毛刷擋縫條。

用尖嘴鉗或剪刀尖端把毛刷擋縫條拉出來，然後往上拉出一整條。

＊ 除了吹熱風的方法之外，也可以用美工刀劃過去後取出，這樣雖然簡便，但缺點是會起許多灰塵。

將新的毛刷擋縫條插入相同位置，推到最底，然後裁剪適當長度，上方部分也插入。

毛刷擋縫條與窗框側面之間，插入厚紙或書墊等隔離板，加熱後變得適度柔軟時，再將撐開的部分收合。

＊ 毛刷擋縫條遇熱會立刻燒焦，所以必須附上隔離板。

安裝門窗密封條，取代毛刷擋縫條

毛刷擋縫條有其缺點，時間久了會碎爛或起灰塵。門窗密封條是彌補該缺點的產品。門窗密封條只能安裝於高光烤漆窗框，網上可以購得。尺寸有 5.6 公釐、6.1 公釐、6.5 公釐等多種，最好預先諮詢或申請樣品。

❶ 取下高光烤漆窗框，然後用美工刀劃過去，割開毛刷擋縫條，再用尖嘴鉗抓緊取出。

❷ 在取出毛刷擋縫條之處，安裝門窗密封條。把 T 字型倒過來放進去。

❸ 用不鏽鋼直尺圓端用力推過去，T 字型的雙翼一下子就夾入溝槽。

❹ 有滑輪的窗框底面，在裝入門窗密封條之後，再用剪刀裁剪滑輪的部分。

更換破裂的玻璃窗

有壓條　　無壓條

玻璃窗出現裂痕或破裂時，大部分的情況會委託修理店家，如果近處有玻璃行，也可以訂購玻璃，親自換修。拆卸和組裝窗框的過程並不難，只要會矽利康作業即可。

難易度　★★★★☆

工具　電鑽、美工刀、鎚子、一字型螺絲起子、捲尺、矽利康槍、工作手套

材料　窗戶玻璃、半透明矽利康

有壓條的情形

量玻璃窗的尺寸。測量窗框與窗框之間（包含壓條）的間隔，然後兩側各減去約 3 公釐，總共 6 公釐。如果量得剛剛好，玻璃可能會放不進去。

＊ 注意，不是測量壓條與壓條之間的間隔。

壓條內側有矽利康或膠條。用美工刀除乾淨。

＊ 照片是有膠條的情況。

找到窗框與壓條之間縫隙較寬的地方，將一字型螺絲起子刺入，用鎚子從外向內輕輕敲打拆解。剩下的壓條，從邊角以螺絲起子拿起即可。

戴上手套，小心取下破碎玻璃，然後確認種類與厚度，訂購玻璃。

＊ 如果拿玻璃碎片去玻璃行，訂購會更準確，還可以分類回收。

將新的玻璃小心放上窗框。

將壓條對好窗框內側溝槽後插入。插不進去的話，用橡膠鎚輕輕敲打。

編按：本篇的壓條係指窗框內側的玻璃壓條。

最後的壓條稍微彎曲後插入。

壓條內側塗上矽利康（參考 p.24）。

把窗戶翻過來立好，然後與正面一樣，在窗框和玻璃之間塗上矽利康。待矽利康完全乾透，再安裝至窗外框。

無壓條的情形

將美工刀緊貼窗框，直直劃過去，在矽利康上劃出刀痕。

將美工刀緊貼玻璃，直直劃過去，將矽利康完全取下。

把窗戶翻過來，用相同方法去除矽利康。

＊ 把窗戶翻過來之前，先把玻璃碎片拔出。拿不下來的，貼上封箱膠帶，防止玻璃灑落。務必配戴手套。

由於沒有壓條，所以要拆解窗框。用電鑽將螺絲旋鬆。

＊ 窗框的螺絲各有不同，請確認種類。

拆開窗框一側，取出玻璃。

測量玻璃大小。如果玻璃破碎難以測量，則測量窗框與窗框之間的間隔，然後加入玻璃插進兩側窗框的長度。

＊ 從玻璃的矽利康痕跡到邊端的長度，就是插進窗框的部分。

將新配好的玻璃插入窗框溝槽，然後往內推放。

* 若是半透明或有花紋的玻璃，光滑部分是正面，粗糙部分是反面。

裝上先前取下的窗框。

重新釘上螺絲，豎起窗戶，在正反面的窗框內側塗上矽利康。全乾之後，再安裝到窗外框上。

+plus 在窗戶貼上隔熱氣泡布

冬天在窗戶貼上隔熱氣泡布，阻絕窗外冷空氣的效果佳。貼氣泡布時，常常有人把平面貼在玻璃窗上，其實反過來貼更暖和。氣泡面貼在玻璃窗上，會形成空氣層，更有效阻絕外面的冷空氣。

❶ 將氣泡布裁成窗戶尺寸。

❷ 噴霧器裝水，滴 1～2 滴洗潔精，拌勻後均勻足量噴灑在玻璃窗上。洗潔精有黏性，可提升黏著力。

❸ 將氣泡布的鼓起部分貼在窗戶上

❹ 最好還可以用撕下不留痕跡的膠帶黏貼四周邊緣。

Part

5

———

電器設備

Electric
installation

電氣

更換開關

更換開關時，重點在於連接電線。唯有將連接電源的共線、各個開關的線、連接開關之間的跳線，全都插在正確的位置，開關才能正常啟動。務必在白天時作業，作業前先將漏電斷路器往下扳。

難易度 ★★☆☆☆
工具 電鑽（或螺絲起子）、絕緣手套
材料 開關

更換單開關

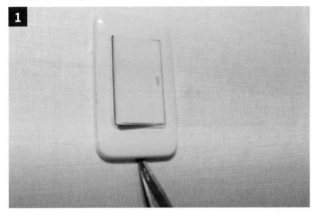

將漏電斷路器往下扳，然後把剪刀尖端或螺絲起子等放在開關外殼底面的凹槽，向上提起，掀開外殼。

拆卸開關按鈕蓋板，旋鬆上下螺絲。

3

拔出開關本體。

4

背面連著 2 條電線。用尖銳物緊按各側的白色按鈕，拔出電線。

5

將電線插入新開關背面的電線孔，直到看不見剝除外皮的電線，感覺像被咬住為止。

＊ 電線孔若有 4 個，上下的孔無所謂，左右的孔各自插好即可。

6

將電線放入牆壁裡頭，插入開關，然後釘好上下螺絲。

＊ 雖然可以蓋上按鈕蓋板，再釘螺絲，但螺絲孔會比較不好找，所以拿掉蓋板更方便。

7

用美工刀整理周圍壁紙，然後蓋上按鈕蓋板，再覆上外殼。

更換雙開關

1

將漏電斷路器往下扳，然後把尖物放在開關底面的凹槽，向上提起，掀開外殼。

2

拆卸開關按鈕蓋板，旋鬆上下螺絲。

3

拔出開關本體，背面連著 3 條電線，黑線為共線，旁邊的線是跳線。

4 按下各側的白色按鈕，拔出跳線以外的 3 條電線。

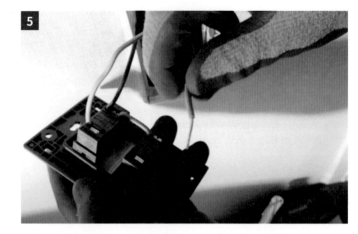

5 看新開關的背面，跳線已經插好。將共線（黑線）插在跳線旁邊，剩下的線也分別插好。

＊ 共線務必插在跳線旁邊。剩下的線插在其餘任何電線孔都沒關係。

6 按下開關按鈕，確認電線是否正確連接。

7 將電線放入牆壁裡頭，插入開關，然後釘好上下螺絲。

＊ 如果不太找得到螺絲孔，取下按鈕蓋板就看得到。請使用末端粗短的螺絲，別讓螺絲碰到裡面的電線。

8 插上按鈕蓋板，蓋上開關外殼，然後壓緊固定。

更換四開關

1 將漏電斷路器往下扳，然後把尖物放在開關底面的凹槽，向上提起，掀開外殼。

2 拆卸開關按鈕蓋板，旋鬆上下螺絲。

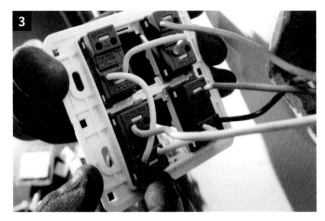

拔出開關本體,背面連著電線,如果拍下照片,之後連接時就不會弄混。接下來,按下每條電線旁邊的白色按鈕,拔出電線。剪電線時可以留點顏色,方便看顏色連接到新開關。

＊ 照片上,雖然是四開關,但只連了 3 條線使用。黑線是共線。三開關與四開關的更換原理相同。

按照拍下的照片,或者看原有開關留下的電線位置,直接插上電線。如果電線曾剪過,要剝除末端部分的外皮再插入。

將開關放入牆壁裡頭,開燈確認電線是否正確連接,然後釘好上下螺絲。

插上按鈕蓋板,蓋上開關外殼。

+plus

電線混在一起時找出共線的方法

更換開關時,如果未標記電線而搞不清楚是什麼線的話,可以將斷路器往上扳,一條一條線比對。有時燈會亮,有時燈不亮。不管接哪一條線都會亮燈的線是共線,只要找到共線,插入正確位置即可。剩下的線換位置也沒關係。

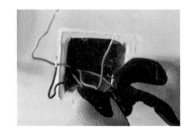

不過,由於是電源接通的狀態,貿然嘗試是很危險的。尤其是電線多條、使用舊式電子開關、連到斷路器有兩種顏色電線的情形,請避免這個方法。此時,請拿電工師傅使用的測電表來找共線。

單開關改成雙開關

一般客廳的燈有分燈管，可以只開一部分，會一次全亮的話，那是天花板電線只有 2 條，開關只有一個的情況。如果將電線分開，換成雙開關，燈就可以一次全開或只開部分，調整亮度。

難易度 ★★★★☆

工具 電鑽（或螺絲起子）、斜口鉗或多功能剪刀、測電表、絕緣手套

材料 雙開關、電線（增設用）、絕緣膠帶

將漏電斷路器往下扳，把尖物放在開關底面的凹槽，掀開外殼，然後旋鬆上下螺絲，取出開關。

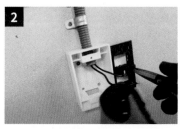

將 2 條電線全部拔出。用力按電線旁邊的按鈕，電線就會脫落。

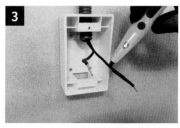

將漏電斷路器往上扳，將測電表或驗電器貼近 2 條電線。「嗶嗶」聲響且燈亮的一側是斷路器線。

沒發出聲音的線是與電燈連接的線。再次將漏電斷路器往下扳。

看雙開關的背面，插有跳線。萬一沒有跳線的話，請像照片一樣連接電線，用力壓入插好。

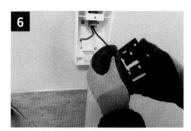

將斷路器線插在跳線旁邊。

將電燈線插在斷路器線旁邊。

將漏電斷路器往上扳，確認是否亮燈。燈管全亮才正常。

再次將漏電斷路器往下扳，剝除增設用電線末端部分的外皮（參考 p.27），插在電燈線旁邊。

將增設電線（黃線）的另一側末端部分剝除外皮，插在電燈的連接器中間。

拔出連接器電線反向的安定器線一側，任何一側皆可。

將 3 條合成的電線分開。

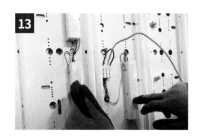

由於燈管 5 個，安定器 3 個，並排裝設的 2 個安定器各連接 2 個燈管，即雙燈型；另外裝設的 1 個安定器，則是連接 1 個燈管的單燈型。

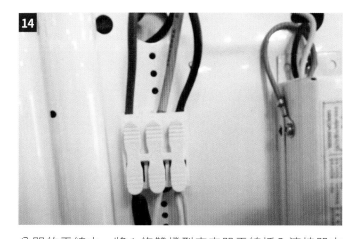

分開的電線中，將 1 條雙燈型安定器電線插入連接器中間。剩下的雙燈型和單燈型電線重新合併，插在另一個孔。單燈型線和雙燈型線寫在安定器上，很容易找到。

將漏電斷路器往上扳，打開開
關。一個按鍵連接1個燈管和
2個燈管，因此會開3個燈管；
另一個按鍵會開2個燈管。

同時按下2個按鍵，確認是否
5個燈管全亮。將開關放入牆
壁中，以螺絲固定，然後蓋上
外殼。

+plus 增設電線，天花板藏線

天花板或牆壁中的電線是藏在 CD 管裡頭。如果想增設1條電線，只要將從天花板
下來的1條線綁上2條線，放入 CD 管裡頭，再拉到開關側的孔即可。首先準備2
條電線。

❶ 剝除現有電線（白色）和預備
電線1條（白色）的末端部
分外皮，然後相互交織，彎折
電線至不會鬆脫。之後還要重
新解開，所以不撐緊。

❷ 與1條增設電線（黃色）合線，
用絕緣膠帶緊緊纏住。在 CD 管
內，連接部位可能會卡到，或
者合線可能會脫落，所以要一
邊拉膠帶，一邊切實充分纏繞。

❸ 注意別讓現有的其他電線（紅
色）混進來，將連接的電線放
入 CD 管中。

❹ 從開關孔拉出連接的電線，直
到連接部位拉出來為止。這時
要捉住其餘的線（紅色），別
讓它跟著拉出來。

安裝防髒開關護片

浴室或廚房開關周圍，常常由於油漬、水氣等因素，壁紙變得髒兮兮。如果蓋上壓克力防髒開關護片，就能防止污染。防髒開關護片有透明色，也有多種其他顏色，可依室內氣氛選用。宜在牆壁貼上壁紙後立即安裝。

難易度	★★★☆☆
工具	電鑽（或螺絲起子）、絕緣手套
材料	防髒開關護片

1 將漏電斷路器往下扳，然後把尖物放在開關底面的凹槽，提起掀開外殼。

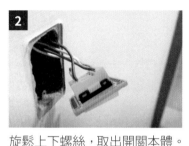

2 旋鬆上下螺絲，取出開關本體。

＊ 如果開關本體平放時，可以將它穿過防髒開關護片，就直接安裝，不行的話，必須拔掉電線。

3 按下背面電線旁邊的白色按鈕，拔出電線。首先，拔出連在跳線（開關與開關之間連的是跳線）旁邊的共線，再拔出所有剩下的線。

＊ 共線要記住位置，務必插在該位置。剩下的線換位置也沒關係。

4 將壓克力護片裝在開關背面，然後把電線重新插入原位。

5 將開關放入牆壁中，然後抓好壓克力護片，別讓它歪斜扭曲，將螺絲輕輕釘上開關本體。

＊ 螺絲一次用力鎖緊的話，護片可能會破裂，所以要輕輕鎖緊。

6 再次調正壓克力護片的位置，鎖緊螺絲。

開燈確認是否正常亮燈，然後蓋上開關外殼。

7

更換插座

插座與開關一樣，只要電線接好，就能輕易更換。老房子的插座盒與新款插座不合時，需要插座輔助墊片。購買新插座時，可一併購入輔助墊片。務必先將漏電斷路器往下扳再作業。

難易度	★★☆☆☆
工具	電鑽（或螺絲起子）、斜口鉗或多功能剪刀、絕緣手套
材料	插座

1 將漏電斷路器往下扳，把尖物放在開關底面的凹槽，提起掀開外殼。

2 旋鬆上下螺絲，取出插座本體。

3 按下背面電線旁邊的白色按鈕，拔出電線。

＊ 電線不好拔出就剪斷。剪線時，剝除末端的外皮。

4 新插座與牆內插座盒相合的話，可直接安裝，不合則要將輔助墊片裝在插座本體上。

＊ 老房子的插座盒可能與新插座不合。這時需要插座輔助墊片。

5 將電線一一插上插座背面。有接地線的話，中間為接地線孔。

＊ 有些插座沒有接地線孔，這時要剝除電線外皮，連接到中間的螺絲。

6 在插座本體和外殼之間放入尖物撐開，掀開外殼。

7 將插座放入牆壁中，上下釘上螺絲。有輔助墊片而螺絲鎖不上的話，使用較長一點的螺絲。

＊ 避免使用太長或末端太尖的螺絲，以免碰到電線。

8 蓋上插座外殼。

電氣

單插座改成雙插座

有時，洗衣房或多功能室等只有單插座，使用不便。這時只要將單插座換成雙插座，就可以簡單解決。不過，冷氣等耗電量大的家電產品，若與其他產品同時使用有其危險，最好使用單插座。

難易度　★★☆☆☆

工具　電鑽（或螺絲起子）、斜口鉗或多功能剪刀、絕緣手套

材料　雙插座

1 將漏電斷路器往下扳，然後把尖物放在開關底面的凹槽，提起掀開外殼。

2 旋鬆上下螺絲，取出插座本體。

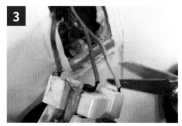

3 按下電線旁邊的白色按鈕，拔出電線或剪斷電線。若剪電線，剝除末端部分的外皮。纏在中間螺絲上的綠色線是接地線。

＊ 舊插座不容易拔出電線，剪斷比較方便。但，請再次確認漏電斷路器是否已扳下，且確認電線長度是否充裕。

4 將 2 條電線分別插在雙插座的背面，插在哪裡都無所謂。

5 接地線也插在接地孔。

＊ 接地線是為了防止觸電事故而埋伏在外部地面的線，一般用綠色外皮包覆，插座孔旁邊的按鈕也用綠色標示。有接地線的話務必連接。

6 小心將插座放入牆壁中，別讓電線彎折，上下釘上螺絲。

7 蓋上插座外殼。

LED 燈不亮時

客廳或房間的 LED 燈壞了得更換時，不請師傅也能自己換。若要節省費用，也可以只換燈亮的面板部分。務必將漏電斷路器往下扳，然後戴上絕緣手套作業。

難易度	★★★☆☆
工具	電鑽、斜口鉗或多功能剪刀、絕緣手套
材料	LED 燈或 LED 面板、絕緣膠帶

更換 LED 燈

1

將漏電斷路器往下扳，旋鬆螺帽，取下玻璃蓋板。務必用一隻手托著再旋鬆才安全。

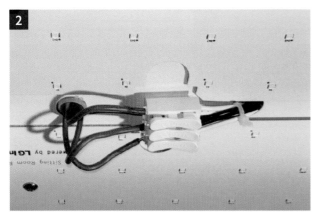

2

連接器上插著 3 條電線，通常中間的線是連接電源的共線。

＊ 共線是電源線，必須加以區分。大部分電線的顏色不同，可以分辨，不然就做記號。剩下的 2 條線，換位置也無所謂。

剪斷共線，然後纏繞絕緣膠帶做為標記，其餘的線也剪斷。

旋鬆支撐本體的螺帽，取下本體。

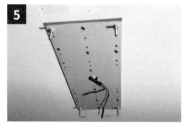

這是取下本體，天花板只剩托架的狀態。托架與新的 LED 燈不合時，托架也得更換（參考 p.148）。

從本體的中間孔抽出 3 條電線，將螺栓插入周邊的 4 個孔。如果螺栓無法順利插入，稍微外張或內凹，讓螺栓對準洞孔。

將蝶型螺帽鎖在螺栓上。為了安全起見，請用一隻手托著，按 X 字型順序鎖緊。

首先，剝除共線外皮，插入連接器的中間孔。

剩下的線整理好長度，然後剝除外皮，插入連接器，插任何一側皆可。

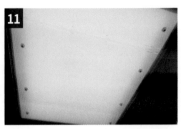

將漏電斷路器往上扳,確認是
否正常亮燈。

覆上玻璃蓋板,鎖緊螺帽固
定。

+plus **更換托架** ───────────────────

❶ 將螢光燈換成 LED 燈或安裝
不同機型的新 LED 燈時,首
先要裝上能夠固定本體的托
架。把手放進電線伸出的孔,
找出天花板木條(角材)的位
置,加以標記。

＊ 通常照明工程會做在天花板木條經
過的地方,所以離電線很近。

❷ 將托架的中心對準天花板木條
經過的位置,然後釘上螺絲。

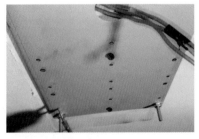

❸ 四周也全部釘上螺絲。天花板
大多為石膏板,所以別直直釘
上,以朝外側斜釘的方式會更
牢固。

❹ 斜釘螺絲時,托架的中間部分
可能會往內凹,螺栓稍微內
傾。這時請將螺栓撐開調正。

更換 LED 面板

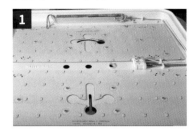

將漏電斷路器往下扳,打開燈蓋,就能確認 LED 面板是否燒壞(例如:看裡面是否有燒黑的 LED 燈珠)。

掀開玻璃蓋板,旋鬆螺絲,拆下電燈,然後除連接器外,全部都拆下來。

＊ 過去的面板用螺絲固定。將螺絲全部取下,安定器和電線也都整理好。

將新面板放在適當位置,然後固定好。

＊ 現在的面板用螺栓和螺帽型的磁鐵固定。將螺栓型磁鐵由下往上插入,再從上面鎖上螺帽。

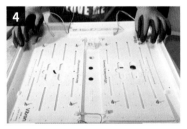

將面板吸附在預定位置。

＊ 如果固定磁鐵不足以插入每個孔,只要固定四角。

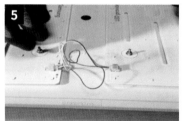

將黏在一側面板上的跳線插到另一面板接好,才能兩側同時亮燈。

＊ 長長的線,用束帶整理會比較清爽。

安定器也是用磁鐵吸附。如果沒有磁鐵,在兩端鑽孔,釘上螺絲。使用較短的螺絲。

＊ 鑽尾螺絲是不用鑽子就能釘的螺絲。末端呈鑽頭狀,可輕易鑽透材料。

將安定器的一側電線插入 LED 面板,直到發出「咔嗒」聲。

＊ 任何一側的電線皆可。

將另一側的 2 條電線一一插在連接器的兩邊。插不進去的話,用錐子緊按旁邊的按鈕,再放進去,然後用束帶整理電線。

+TIP 面板更換要使用同一公司的產品

在電器行或五金行購買面板時,如果是方形燈,就買方形面板,如果是圓形燈,就買圓形面板。若是不同公司的產品,托架位置可能不合,所以請選購同一公司的產品。

將廚房螢光燈改成 LED 燈

比起螢光燈，LED 燈價格貴，但壽命長，用少量電力就能照得更亮，長期來說更划算。電氣相關作業絕對不能只關開關就做。務必先將漏電斷路器往下扳，然後戴上絕緣手套作業。

難易度	★★☆☆☆
工具	電鑽、斜口鉗或多功能剪刀、筆、絕緣手套
材料	廚房用 LED 燈、32 公釐木工用螺絲

1

將漏電斷路器往下扳，拔出螢光燈，旋鬆螺絲，把燈取下。剪斷連接的 2 條電線，連在天花板上的托架也旋鬆螺絲取下。

2

打開新燈的扣鎖，旋鬆托架的固定螺絲，拆下托架。

天花板主要的材質為合板或石膏板。請準備螺紋較寬的 32 公釐木工用螺絲。

將從天花板伸出的電線插入托架中間的孔,把手放進天花板,找出天花板木條(角材)的位置,用筆標記。

在天花板木條經過的位置釘上螺絲,固定托架。

＊ 若是沒有天花板木條,螺絲朝外側斜釘會更堅固。

確認本體的連接器位置,將電線放入鄰近洞孔再拉出。

將本體對好托架的螺栓插入,鎖緊附上的螺帽。

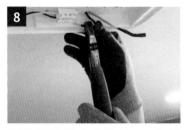

剝除電線外皮(參考 p.27)插入連接器,插任何一側皆可。

將漏電斷路器往上扳,確認是否正常亮燈,然後蓋上燈蓋。

安裝水槽的間接照明

廚房即使有燈，背對光線的話，煮飯或洗碗時還是有暗影。這時，在水槽上方廚櫃安裝間接燈，就能解決問題。嵌入 LED 晶片的 T5 間接燈安裝較容易，新手也可以試試看。

難易度 ★★★☆☆

工具 電鑽（或螺絲起子）、斜口鉗或多功能剪刀、捲尺、筆、矽利康槍、絕緣手套

材料 15 瓦 90 公分 T5 間接燈、開關電線、電線槽、螺絲、絕緣膠帶、雙面膠帶、矽利康

1 T5 間接燈有 30 公分、60 公分、120 公分、150 公分等不同長度。請測量水槽的長度，決定所需的尺寸與數量做準備。

2 將燈貼在上方廚櫃的底側，標示托架的位置。每個燈要安裝 2 個托架。

3 固定托架。用附上的螺絲釘住。

4 先將 1 個燈插入托架，直到發出「咔嗒」聲，完全裝好後，左右移動調整位置。

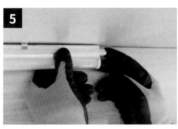

5 將附上的連接燈頭插到安裝好的燈的側面。

6 將剩下的燈插上連接燈頭，然後插入托架。

7 將 2 個燈完全併連。

8 在燈的側面插上接頭線，連至電線。

＊ 一般家庭在抽油煙機上方有插座，連接電線再安裝開關即可。

如果抽油煙機插座的距離較遠，請準備附開關插頭的電線。

用剪刀剪掉附上的接頭線一端。

剝除外皮，露出 3 條電線。由於開關電線沒有接地，所以將綠色接地線完全剪掉。

剩下的 2 條電線，留 1 公分左右，剝除外皮，然後與同色的開關電線相捻合。

用絕緣膠帶將連接部分充分包覆。

安裝藏線的電線槽，直到插座所在之處。按長度裁剪，撕掉背面的離型紙再黏貼即可（參考 p.42）。

將電線放入電線槽內，蓋上蓋子，然後開關也用雙面膠帶黏貼。電線槽和開關上下都塗上矽利康。

打開開關，確認是否正常亮燈。

+plus1 家用三波長燈具的種類

燈管從左到右依序為 36 瓦、55 瓦。燈泡從左到右依序為 E14、E17、E26、E39。

・房間燈╱客廳燈使用燈具

房間燈主要使用 36 瓦的短燈管,客廳燈和廚房燈主要使用 55 瓦的長燈管。買燈具時要知道長度和瓦數。安定器也不一樣,各有單燈型和雙燈型,請事先確認。

・燈泡

三波長燈泡的螺口燈頭粗細不同。家中常用的是 E14、E17、E26,以 E26 最常用。E39 是店家常用。安裝燈泡的套筒也是規格各不相同,必須使用合適的燈泡。購買時,要確認規格或攜帶現有燈泡比對。(編按:燈泡規格:E14、E17、E26、E39 等,指的是螺口燈頭的直徑大小,係以公釐為單位的數值。例如:E14 意即螺口直徑為 14 公釐。)

+plus2 關燈後有餘光時

有時,燈已經關了,但燈泡的光線未熄滅,留有隱隱約約的微光。只要插入消除餘光的電容器,不換開關也可以簡單解決。在五金行或電器行,很容易就能買到電容器。

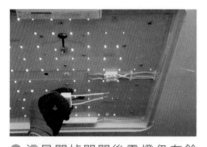

❶ 這是關掉開關後電燈仍有餘光的情況。將電容器的線剪短,剝除末端部分的外皮,插入電燈的連接器中。由於沒有電極,插在任何地方都可以。請一條一條插入插著電線的洞孔。

❷ 插上消除餘光的電容器之後,餘光消失。上面鑽孔把電容器藏起來,或者接線前把線剪短,看起來更清爽。

安裝吊燈照明

照明不只有照亮黑暗的功能,還有裝飾的作用,成為室內裝潢的重點。只要更換餐桌上的吊燈,家裡的氣氛就完全不同。吊燈的安裝很簡單,任何人都可以輕易完成。壁燈等其他電燈的安裝方法也差不多。

難易度	★★☆☆☆
工具	電鑽(或螺絲起子)、絕緣手套
材料	吊燈照明、螺絲

1 將漏電斷路器往下扳,然後取下現有的電燈,將電燈的電線拔出接線端子。

2 旋鬆螺絲,拆下托架。

3 準備在電線旁邊裝設吊燈,以斜釘方式安裝托架。

＊ 在天花板上釘螺絲時,斜著釘才會牢固。朝內釘的話,螺絲可能會碰到電線,所以務必朝外釘。

4 將吊燈的電線插入接線端子,插任何一側皆可。

＊ 電線與吊燈都有接線端子的話,拔掉其中一方的接線端子,再連接電線。

5-1 **5-2** 將長長的電線放入吊燈本體,整理好之後,將吊燈對準托架的螺栓,貼近天花板,鎖緊螺帽固定。

6 將漏電斷路器往上扳,確認是否正常亮燈。

電氣

照明太亮

如果照明太亮，刺人眼睛，可以將調節亮度的調光器連到開關電線。調光器有分 LED 燈用、白熾燈（鎢絲燈）用，請事先確認。重要的是，調光器的瓦數要高於燈的瓦數。例如，燈是 400 瓦的話，請準備 500 瓦的調光器。

難易度 ★★★☆☆

工具 電鑽（或螺絲起子）、絕緣手套

材料 調光器

將漏電斷路器往下扳，然後把尖物放在開關底面的凹槽，掀開外殼。

旋鬆上下螺絲，取出開關。背面有 2 條電線。

把 2 條電線都拔出來。用力按電線旁邊的按鈕，電線就會脫落。

掀開調光器的外殼，將電線一一插在背面的洞孔。

將漏電斷路器往上扳，測試看看是否運作正常。

將調光器放入牆內，上下鎖上螺絲。

蓋上調光器的外殼，用力按壓固定。

電氣

感應燈故障

更換感應燈時，電線的連接很容易，建議試試看。若要更節省費用，只換感應器也是一種方法。如果換了燈泡，燈還是不亮，大部分是因為感應器故障。感應器有燈泡用和 LED 用之分，請準備適用者。

難易度　★★☆☆☆

工具　電鑽（或螺絲起子）、鋼絲鉗

材料　感應燈或感應器、接線端子

更換 LED 面板

1

將漏電斷路器往下扳，打開感應燈的燈蓋，旋鬆螺絲，把燈取下。將電線拔出接線端子。

2

新感應燈的感應眼側在側面有選擇日夜的按鈕。感應燈主要在夜間使用，所以將按鈕設在夜的一側。

3

將感應燈的電線一一插入從天花板伸出的電線接線端子。別急著立刻插進去，要慢慢插才能順利插入。

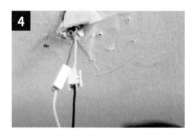

4

在洞口近處輕輕釘上 1 顆螺絲。

＊ 這時，要找到天花板裡頭的天花板木條（角材）釘上才牢固。

5

將感應燈的孔對準釘在天花板上的螺絲插入。

6

將感應燈往右轉，使螺絲掛在溝槽末端。

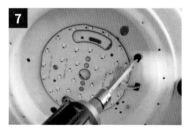

7

再釘一兩處螺絲固定。斜釘螺絲才更牢固。

8

蓋上燈蓋，然後將漏電斷路器往上扳，測試看看是否運作正常。

更換感應器

1. 將漏電斷路器往下扳,打開感應燈的燈蓋,取下燈泡。旋鬆螺絲,把燈取下。

2. 旋鬆螺絲,拆下感應器的後墊鐵板。

3. 取出感應器,剪斷連接的電線,然後剝除末端部分的外皮。

4. 感應器的輸出側電線是與燈相連的線,輸入側電線是與電源相連的線。將輸出側的 2 條電線一一連接燈的電線。

5. 連接的電線用絕緣膠帶纏繞,或者插入接線端子,再用鋼絲鉗緊壓。

6. 將感應器放回原位,將感應器的感應眼對準前面的孔。

7. 把線整理好,然後貼上鐵板,釘上螺絲。

8. 將感應燈的電線一一插入天花板電線的接線端子。釘上螺絲,把感應燈裝至天花板上。

9. 裝上燈泡,蓋上燈蓋。將漏電斷路器往上扳,確認是否正常運作。

更換漏電斷路器的外蓋

漏電斷路器（電箱、配電盤）主要位在玄關，每當看到老舊髒污的外蓋，都會有些在意。若要更換，可取下現有產品，再去購買一樣的蓋子。但即使買到相同尺寸的外蓋，由於現有蓋子老舊，螺絲的位置可能不同。下面介紹這種情形的安裝要領。

❶ 檢查漏電斷路器的電路數，然後購買相同產品的外蓋。

❷ 將漏電斷路器往下扳，鬆開所有的螺絲。

❸ 揭下外蓋，裝上新外蓋。

❹ 螺絲與現有螺絲孔不合時，折斷卡扣，將華司插到螺絲上釘好。外蓋的重量輕，只要左右各釘 1 顆螺絲就好。

＊ 下面部分也有卡扣，所以關上外蓋沒什麼問題。

連接視訊對講機線

視訊對講機就算有點故障,生活沒有太大不便的話,也會遲遲沒修理。購買視訊對講機時,附有連接電源和門鈴的接頭,只要直接插上即可。作業出乎意料地簡單,試試看吧。

難易度	★★★★☆
工具	十字型螺絲起子、斜口鉗
材料	視訊對講機

將漏電斷路器往下扳,然後拆下現有的視訊對講機,連接新視訊對講機的電源線。只要插上接頭即可。

插上連接門鈴的 4 芯接頭。插的地方只有一處。

將視訊對講機的線與門鈴的線一一連接。電線以顏色區分很方便。背面貼紙上也分別標示出是什麼線,再與同號碼門鈴線連接即可。

萬一沒有區分顏色,就得一一找出是什麼線。門鈴背面的貼紙上寫著幾號是什麼線的接點。找到符合的線接起來。

在 4 條線中,將任意 2 條線相觸。如果發出門鈴聲,將其中 1 條與其他線相觸。與其他 2 條線相觸時會發出聲音的線,就是音訊線,而與音訊線相觸時沒發出聲音的線是電源線。先將找到的這 2 條線依序連接至門鈴。

剩下的 2 條線,一一碰觸接地接點和視訊接點,按下呼叫按鈕。

發出聲音的線連接到接地接點,另一條線連接到視訊接點。

按下呼叫按鈕,確認視訊是否正常出現。

玄關
·
陽台
·
室外

entrance
balcony

outside

玄關門安裝輔助鎖

許多家庭只用門鎖會感到不安,所以安裝輔助鎖。更換使用過的輔助鎖時,只要照原樣利用現有洞孔即可。插入鑰匙的鎖組部分,比輔助鎖的本體更常故障,這時如果只換鎖組,會更經濟實惠。如果僅僅使用內鎖的用途,也可以只安裝本體就好。

難易度	★★★★★
工具	電鑽、32 公釐開孔器、斜口鉗、錐子、鎚子、筆
材料	玄關輔助鎖

從玄關門內側關上門,將輔助鎖本體緊貼門框,然後在門上畫圖樣。

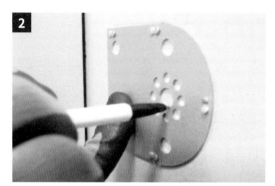

拆下本體背面的托架,貼在 **1** 的圖樣上,標示開孔位置的中心。

準備金屬開孔用零件——32 公釐開孔器。

將開孔器插入電鑽。

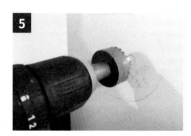

將電鑽設定在螺絲起子模式,對準開孔位置的中心,在門上鑽孔。

＊ 電鑽的電壓要 18V 以上才容易作業。

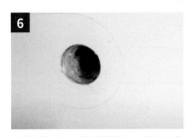

6 門薄的話，繼續鑽孔，直到穿至外面。

7 門厚不易從內側打穿的話，將錐子貼近洞孔中央，再用鎚子敲打，讓門外側可以知道位置，標示記號。

8 在門外側，將錐子貼近 **7** 的標記處，用鎚子敲打，打出小孔。

9 將開孔器插入孔中，以與內側相同方法鑽孔。

10 在門外安裝鎖組。此時，先將鑰匙插入鎖組，鑰匙頭應與門垂直。

＊ 務必確認在此狀態下，鑰匙是否能順利拔出。拔不出來的話，就是安裝有誤。

11 在門內側安裝本體托架。邊緣有凸起的一側是正面，從外面插入的鎖組傳動板必須從托架中間的孔穿出來。

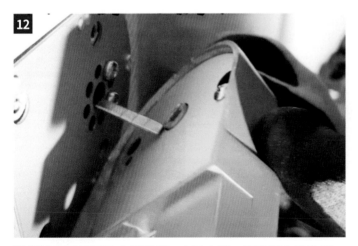

12 將鎖組傳動板插入本體溝槽，安裝本體。傳動板太長的話，用斜口鉗剪掉一格調整。

13 將 38 公釐鑽尾螺絲釘在本體上固定。

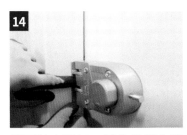
14

側面裝上門扣，將旋鈕轉向鎖
閉，然後標示門扣的位置。

15

門扣板上只釘 1 顆螺絲，確定
可以順利上鎖後，再把螺絲全
部釘好。

16

從內轉動旋鈕，確認是否可以
順利上鎖，從外插入鑰匙，確
認是否可以順利開鎖。

+plus1　用鑽尾螺絲在鐵門上鑽孔

38 公釐鐵材用鑽尾螺絲無需事先鑽孔，可以直接
釘在鐵板上，也可以用於鑽孔。大部分的輔助鎖
產品裡皆有附上。

+plus2　填補玄關門上的輔助鎖孔

取下輔助鎖時，產生的洞孔可以用五金行販售的孔塞輕鬆解決。

❶ 五金行販售的輔助鎖孔塞。

❷ 旋鬆螺絲拆開後，有螺絲
的一側朝內，平坦的一側
朝外。

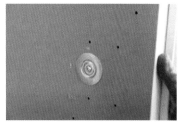
❸ 相互接合裝好之後，從內
鎖緊螺絲。

消除玄關門釘痕

如果玄關門到處有釘痕，看起來不順眼的話，有修補翻新的簡單方法。用軟管型補土填補孔洞，再整片塗上油漆，門就變得像新的一樣。只要仔細準備，任何人都能輕鬆完成。

難易度 ★★★★☆

工具 油漆滾筒刷（或油漆刷）、油漆盤、美工刀、鎚子、40 號砂紙、乾抹布

材料 壓克力樹脂型補土、油漆、遮蔽膠帶

用鎚子敲打玄關門凹凸不平的地方，使其平整。

用美工刀將矽利康痕刮乾淨。

用粗砂紙磨擦，去除表面異物，再用乾抹布擦拭。

將壓克力樹脂型補土擠在洞孔上。

用隨附的刮刀將壓克力樹脂型補土薄薄刮開，然後晾乾 1 至 2 小時。

＊ 若要更快速作業，可用吹風機吹乾。

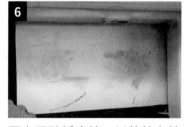

再次用砂紙磨擦，以乾抹布擦拭，將要油漆的部分周圍貼上遮蔽膠帶。

＊ 若要油漆整片玄關門，為避免油漆濺到牆壁和地板等，請以塑膠袋和遮蔽膠帶圍好再油漆。

將油漆倒入盤中，將滾筒刷充分沾上油漆，刮掉過多油漆，均勻油漆玄關門。整片漆完時，再漆一次更好。

油漆完全乾透後，撕掉遮蔽膠帶。

玄關

玄關門拖到地上

老舊的玄關門下垂，拖在地上的情況出乎意料地常見。請人修理的費用不貲，其實只要在五金行購買玄關門（防火門）天地鉸鏈套組，再做更換即可。網路上也買得到玄關門校正套組。

難易度	★★★☆☆
工具	電鑽（或螺絲起子）
材料	天地鉸鏈、2T（厚 2 公釐）華司

更換上門框的天鉸鏈零件

旋鬆位於上門框天鉸鏈底面的螺絲，掀開蓋子。

旋鬆鉸鏈側面的螺絲。

增添下門框地鉸鏈的華司

將門稍微往旁邊推，以螺絲起子用力從下面推出鉸鏈插銷。

插銷磨損，門就會下垂。可視狀況更換插銷或鉸鏈整體。

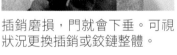

＊ 重新組裝時，將插銷從下往上插，以相反順序組裝。

旋鬆下門框地鉸鏈的螺絲，掀開蓋子。

揭開蓋子後，可以看到圓形的鉸鏈插銷。

像背起門扇一樣，將門扇提起來，拔出插銷。

門扇靠邊放，確認插銷上的軸承是否運作正常。

＊ 如果平時開門時發出乾澀的聲音，最好噴上自行車鏈條油。

將 2T（厚 2 公釐）左右的華司插上插銷，以相反順序組裝。

＊ 視門下垂的程度，調整華司的厚度或個數。

更換玄關門把手

主要安裝在玄關門上的圓形把手（編按：即喇叭鎖），不需要特別的技術就能輕鬆更換。請取下現有的把手或拍照後，再去五金行購買相同的產品。雖然使用電鑽更方便，但單用螺絲起子也足夠。

難易度 ★★☆☆☆
工具 電鑽（或螺絲起子）
材料 玄關門把手

在玄關門內側，以逆時針方向轉動把手固定環，拔出把手。

旋鬆固定環內套盤板的螺絲。

拆卸內套盤板，同時拔出外側把手。

旋鬆側面的螺絲，取出鎖匣。

將鎖匣插入側面，釘上螺絲。門開關時，進出鎖門螺栓的斜面朝向門關的方向。

先將有鎖孔的把手安裝在門外側。

在門內側，將把手的內套盤板對準凹槽。

釘上螺絲，固定把手的內套盤板。

將把手對準內側凹槽裝上，將固定環依順時針方向旋轉固定。

更換門鎖

玄關

有時買門鎖會提供免費安裝，但知道安裝要領，網路上可以用更便宜的價格買到。如果規格與現有門鎖不同或開孔位置不同，則得鑽孔並附上加固板，所以要事先確認。

難易度	★★★★☆
工具	電鑽、32 公釐開孔器（開孔位置不同時）、筆
材料	把手式電子鎖、加固板（開孔位置不同時）

旋鬆螺絲，拆卸門鎖。

將隨產品附上的安裝紙樣，對準玄關門鎖的把手部分，然後用筆標示門鎖的開孔位置。

如果標示的開孔位置與現有位置不同，則必須重新開孔。

將 32 公釐開孔器插到電鑽上開孔。

先將鎖匣插入門扇側面。連接的 PCB（ printed circuit board；印刷電路板）線朝上，放入裡頭。

將 PCB 線從門內側的把手孔抽出。

確認鎖匣鎖門螺栓的斜面是否朝向門關的方向，不是的話，取出鎖門螺栓反裝。用手捏拿就能取出。

裝上鎖匣蓋板，上下釘上螺絲固定。

＊ 電鑽以高速運轉的話，螺絲可能會磨損，所以請以低速慢慢鎖緊。

在門外側，將把手方軸插入鎖
匣正中央的凹槽。標示為 out
的是門外側，標示為 in 的是門
內側。

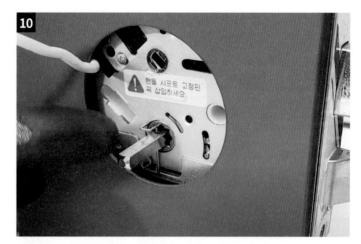

將固定卡簧插入把手方軸的凹槽。從門內側插入固定卡簧
的話，方向就能調正。

在門外側，將加固板插上室外
鎖體（數字鍵部分）裝好。與
鎖體連接的 PCB 線，從門內側
新開的孔取出。

＊ 加固板是為了遮住現有的孔，
  如果開孔位置與以前相同，就
  不需要。

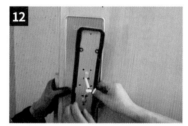

在門內側，組裝室內機體（電
池部分）。先架上底座，將上
下的 PCB 線一一拉出。

＊ 注意別讓線交纏或彎折。

將機體後面的底座釘上螺絲固
定。

將 PCB 線分別插上機體後面的
連接端子。由於尺寸不同，很
容易區分。

將機體對準把手方軸的凹槽裝
上。

打開電池蓋，釘上螺絲。

打開最下面的蓋子，固定螺絲。　裝上電池，然後設定密碼和卡片。

　免開孔安裝門鎖

　開孔作業困難的話，也有免開孔安裝門鎖的方法。請購買免開孔門鎖，取下門把手，然後在原處安裝即可。

更換關門器

讓門慢慢關上的關門器（編按：又稱門弓器），組裝容易，安裝也相對簡單。關門器的種類多樣，ㄈ字型連桿支架適合重量輕的窗框，ㄱ字型連桿支架則適合防火門和鐵門。平式連桿支架最常用於一般公寓大樓。請確認現有產品後再購買同樣的產品。

難易度 ★★★★☆
工具 電鑽、一字型螺絲起子
材料 防火門關門器

固定關門器的本體，旋鬆螺絲。

＊ 取下現有關門器之前，先拍照留存，以便購買或組裝時可做參考。

旋鬆連桿支架的螺絲。照片的連桿支架是平式的。

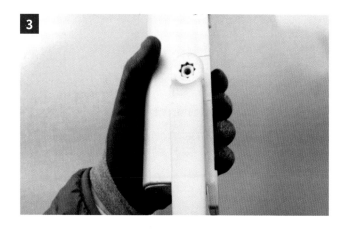

3

將連桿裝到主臂上，與本體平行連接，然後旋緊六角螺栓。

＊ 本體的調速閥必須朝向把手，主臂能動的方向才對。

4

釘上 4 處螺絲，固定本體。

＊ 若是首次安裝，在距離上方 8 公分、距離旁邊 6 公分的地方安裝本體。

5

用螺絲將連桿支架固定在門框上。

6

下端的螺栓孔用附上的蓋子蓋住。

7

旋鬆或鎖緊連桿的螺帽，調節長度，然後連接到連桿支架。

8

裝上隨附的華司和螺絲鎖緊。

9

用一字型螺絲起子鎖緊或旋鬆本體側面的調速閥，調整門關閉的速度。

＊ 閥控制剛開始關門時的速度（編按：較快的關門速度），下閥控制末段直到門關上為止的速度（編按：較慢的門門速度）。往左轉會加快，往右轉會變慢。

玄關門安裝腳踢式門擋

玄關

老舊玄關門的腳踢式門擋，常常因為磨損而無法正常發揮功能。經過無數次使用後，門擋會變鬆，讓人有點不方便。門擋不用電鑽也可以輕鬆更換。只要有釘子和螺絲起子就沒問題。安裝門擋時，調整好位置很重要。

難易度 ★★☆☆☆

工具 十字型螺絲起子、鎚子、錐子（或釘子）、筆

材料 玄關門腳踢式門擋、螺絲

將門擋放在地上，貼著玄關門。

用筆標出要釘螺絲的地方。

將釘子或錐子靠上標示之處，用鎚子打出孔來。

＊ 孔太大螺絲會空轉，只要輕輕打個孔，別將釘子完全打入。

用螺絲起子釘上螺絲。

孔太大而螺絲空轉的話，將束帶或剝除外皮的電線一起放入孔中，鎖緊螺絲，然後搖一搖電線剪斷，再次鎖緊。

+plus　玄關門關閉不全時

玄關門關閉時，有時會在門框的鎖口片部分停止。首先查明原因，然後再處理。

❶ 檢查門側面的鎖門螺栓。如果老舊或歪斜，請予以更換，或者嘗試 ❷、❸ 的方法。

❷ 用鎚子敲擊門框的鎖口片，避免門扇的鎖門螺栓卡住。

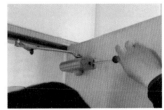

❸ 調整關門器，加快關閉速度。將側面的調速閥往左轉，速度會加快，往右轉會變慢。

玄關門搖晃

如果玄關門在關起來的狀態下，仍有縫隙、會搖晃的情形，請開門確認看看，常常是鎖口片外推所致。這種情況下，只要將鎖口片內側彎折的半月扣片輕輕展開，就能大幅改善。

難易度 ★★☆☆☆
工具 電鑽、鋼絲鉗、螺絲起子
材料 透明門窗密封條

1 如果玄關門無法緊閉，按門鎖時門會哐噹哐噹響，可能是門框的鎖口片安裝稍微外推所致。

2 旋鬆鎖口片的螺絲，將之取下。

3 用鋼絲鉗將鎖口片內側、ㄱ字型彎折的 2 個半月扣片輕輕展開，門關閉時會往前推。

4 將鎖口片重新裝入原位，旋緊螺絲。

5 關上門看看，如果還有縫隙，可將螺絲起子放進去，稍微再展開調整。

+plus ## 風從玄關門縫吹進來時

透明門窗密封條主要用於黏貼窗框或玻璃門等，將玄關門內側的門緣全部貼上密封條。最好門外框的部分也貼上。關上門後，密封條會填入門縫而有效防風。

❶ 透明門窗密封條在五金行、超市或生活用品店就能輕易購得。若要貼滿全部門緣，需要 6 公尺以上。

❷ 將玄關門緣擦拭乾淨，裹上膠帶。

安裝卷軸式紗門

購買卷軸式紗門時,現成品價格便宜,安裝也比較容易。若要按照門的尺寸裁切,需要使用電動砂輪機,務必加裝保護蓋後再使用。如果不曾用過電動砂輪機,請帶去五金行或維修店,請店家協助。

難易度 ★★★★★

工具 電鑽、電動砂輪機、矽利康槍、捲尺

材料 卷軸式紗門、螺絲、透明矽利康

測量門框尺寸,然後購買現成品,用電動砂輪機依尺寸裁切頂桿、底桿、本體、支柱桿。側面有標尺。

＊ 若要安裝在門框內側,有可能會裝不太進去,所以最好裁切時再縮 2 公釐左右。縫隙用矽利康填充即可。

框架的 4 個邊角用端套連接。

＊ 端套裝上去,再用手掌敲就會套入。用橡膠鎚敲更省力。

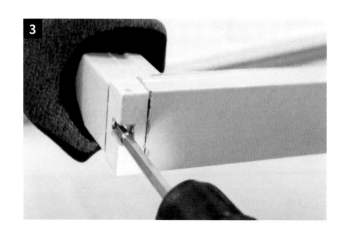

將附上的螺絲雙向裝上固定。

將紗門設為扣鎖在右側,將開關和把手裝到有紗網的框架上。

＊ 依產品不同,開關和把手有一體型和分離型。

把紗網往右拉,抓好位置,讓 4 的開關能夠順利插入右側扣鎖。

＊ 如果扣鎖尚未安裝,先用鐵工鑽頭鑽孔,再釘上螺絲。

將螺絲釘上紗門框架,固定開關和把手。

將完成的紗門裝入門框,兩側牆壁釘上螺絲固定。先用鐵工鑽頭在框架上鑽孔,再釘上長螺絲。

紗門與門框之間如有縫隙,以透明矽利康填充縫隙(參考 p.24)。

+TIP 現成品比訂製划算

若是一般尺寸的玄關門,購買現成品(100×210 公分)後再裁剪為所需尺寸,會比訂製便宜得多。按照是安裝在門框內側或外側,尺寸有所不同,公寓大樓大部分是安裝在外側。

玄關

卷軸式紗門捲不起來

老舊的卷軸式紗門可能有自動回捲功能不佳的情形。常常有人認為是紗門壞掉而做更換，其實只要重繞回捲紗網的滾輪，就可以簡單解決。透過繞滾輪的次數，可以調整紗網的回捲速度。

難易度 ★★★☆☆
工具 電鑽

從門框取下紗門，旋鬆回捲紗網側的框架上端側面的螺絲。

拔出連接頂桿的端套。

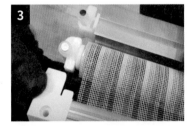

這是連接紗網卷軸的滾輪。

一手抓住卷軸，另一手將滾輪往逆時針方向轉動。轉越多圈，紗網回捲的速度越快，轉少一點就會慢慢回捲。以轉動 13 至 15 次為宜。

小心別鬆開，抓住卷軸固定好，重新插入頂桿。

旋緊框架的螺絲。

開關紗門看看，如果過慢或過快，再重新調整滾輪。

在玄關處掛全身鏡

玄關有全身鏡會很方便。由於玄關空間狹小，必須固定掛牆安裝，但大部分是水泥牆，施工並不容易。以下介紹僅用矽利康和雙面膠帶的安全黏貼方法。若是絲質壁紙，要領是挖去壁紙再黏。

難易度	★★★☆☆
工具	美工刀、捲尺、矽利康槍
材料	50 公釐強力泡棉雙面膠帶、矽利康

1

量好符合玄關牆面的鏡子尺寸，然後在玻璃店家訂製。

＊ 請店家做壁掛式的邊緣處理。

2

在鏡子的背面 4 邊黏貼雙面膠帶，中間部分也每隔一定間距黏貼。

3

若壁紙是紙壁紙，可直接黏貼；若是絲質壁紙，則將鏡子尺寸四周內縮 2 至 3 公分的壁紙，用美工刀挖掉。

＊ 絲質壁紙表面不平坦，密合度差，無法撐住沉重的鏡子。

4

撕去雙面膠帶的離型紙，膠帶與膠帶之間，每隔一定距離打上矽利康。

5

將鏡子貼至牆面，以手掌用力按壓。

＊ 隨著時間，雙面膠帶的黏合力會下降，但矽利康全乾時會牢固黏住。

6

鏡子邊緣塗上矽利康，加強支撐力。

玄關門黏貼皮

如果不是嫻熟能手，玄關門翻新時，貼皮施工的方式會比油漆更容易，完成度也較高。貼皮與油漆一樣重要的是，事前完成仔細的砂紙和底漆作業。貼皮請選擇一定程度的厚度，避免太薄。

難易度 ★★★★☆

工具 電鑽、寬的一字型螺絲起子（或湯匙）、美工刀、橡膠補刀、底漆盤、海綿、150號砂紙、乾抹布、吹風機

材料 貼皮、底漆

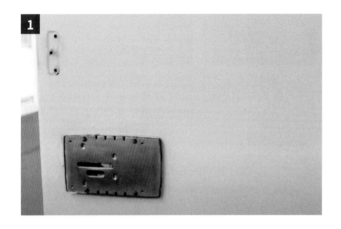

拆卸玄關門的把手、門鎖、關門器、腳踢式門擋等。

＊ 請參考 p.168 更換玄關門把手、p.169 更換門鎖、p.172 更換關門器、p.174 玄關門安裝腳踢式門擋，進行拆卸和組裝。

用寬的螺絲起子或湯匙，鬆開並取下能從門內看到外面的貓眼。太舊的話請更換。

3

牛奶投入孔部分，取下蓋子，旋鬆螺絲拆卸。

4

用粗砂紙均勻摩擦門，再用乾抹布擦乾淨。特別是門緣部分要細細摩擦，貼皮才會密合持久。

5

用砂紙摩擦時，若有油漆痕等凹凸不平的地方，先用美工刀刮掉，再使用砂紙和抹布。

6

底漆盤上取適量底漆，用海綿沾取後，均勻塗抹在門上。

＊ 雖然只塗一次也可以，但多塗一次更好。邊緣部分仔細上漆。

7

裁剪貼皮，尺寸比門稍微大一點，離型紙撕下 10 公分左右，然後外折。

8

門頂貼上貼皮，撕去離型紙，用橡膠補刀刮擦，使其緊密貼合。

9

用美工刀沿門緣裁掉多餘的貼皮。

＊ 側面裹上貼皮的話，門開關時會脫落，所以只在正面貼皮。

10

原本開孔的部分也裁剪好。

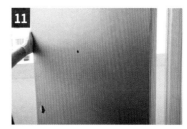

11

確認門開關是否順暢，邊緣用吹風機加熱，提高黏合力。重新安裝把手、門鎖等附件。

更換晾衣架

更換損壞晾衣架的方法，出人意料地簡單。如果現有晾衣架的螺絲孔與新晾衣架相合，可以在原處安裝。螺絲孔不合的話，就要精確測量新安裝晾衣架的本體螺絲孔間距，照著在天花板上鑽孔，然後再安裝。

難易度 ★★★★☆
工具 電鑽、鎚子
材料 晾衣架

將晾衣架的桿子全部拔出，然後將固定在天花板上的螺絲只旋開一半。

用鎚子的羊角拔掉螺絲，拆卸晾衣架。

將新晾衣架的固定板對準現有螺絲孔，然後貼上去，將華司和螺絲裝上隨附的塑膠壁虎插入。

＊ 新安裝時，將 6 公釐鑽頭插入電鑽，預先鑽孔（參考 p.21）。

用鎚子敲打，同時固定塑膠壁虎和螺絲。

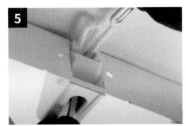

兩側固定板之中，一側只安裝滑輪，另一側覆有外蓋。外蓋內有齒輪，輕輕拉開齒輪與齒輪之間的間隙，插入繩子的兩端。

＊ 只買繩子無鐵環時，將 2 道線一起放進去，再用鑷子夾出來。只買繩子時，以 5 公尺為宜。

一道線往下拉，扣到下面的掛鉤。

＊ 繩子沒有鐵環的話，就綁成環狀。

剩下一道線穿過另一側滑輪上方，同樣扣到下面的掛鉤。

用力拉繩，確認兩側順暢升起。

桿子全部裝好。

陽台雨水滲漏

暴雨過後陽台積水的話，肯定是外牆漏水。最好在雨完全停止、晾乾幾天後再進行修繕工程。雖然陽台的窗檯下方是主要原因，但側面也可能有細縫，必須仔細檢查。

難易度 ★★★★☆

工具 美工刀、刮刀、乾抹布、香腸包矽利康槍、吹風機

材料 香腸包矽利康

雨停之後，把水擦乾，完全乾透後，用美工刀挖掉窗外下方曾施工作業的矽利康。

用美工刀或刮刀刮掉異物，然後用乾抹布擦乾淨。

矽利康下面可能會留有濕氣，
所以用吹風機吹乾，然後在
窗框周圍塗上充足的香腸包
矽利康。

用寬面的矽利康刮板整平，將
矽利康儘量密合。

檢查側面，若有裂縫，以同樣
的方法塗上矽利康。

+plus　香腸包矽利康使用方法

❶ 用拇指按住矽利康槍最後
面的止擋片，把中心鐵棒
（推桿）拉到底。

❷ 將香腸包矽利康放入矽利
康槍管裡，用剪刀稍微剪
掉末端。

❸ 2 個黑色蓋帽中，將小而尖
的蓋帽插入大而寬的蓋帽，
用力按壓，直到發出「咔
嗒」的聲音。

❹ 將蓋帽套在矽利康槍上，
插上膠嘴頭。

❺ 用美工刀切掉一點膠嘴頭
的末端。要握住內側往外
切才安全。施工時一點一
點按壓。

外牆滲入濕氣

即使屋頂防水做好，如有外牆龜裂或裂縫等情形，濕氣仍會滲入，導致內牆發霉。PU 矽利康專門用在修補外牆，耐久性與防水性優於一般矽利康。施工前先打底塗劑，效果更佳。

難易度	★★★☆☆
工具	美工刀、油漆刷、矽利康刮刀、矽利康槍、乾抹布、口罩
材料	PU 矽利康、矽利康底塗劑

將 PU 矽利康裝上矽利康槍，用美工刀切開頂端（參考 p.24）。

將膠嘴安裝在矽利康上，用美工刀斜切。

用乾抹布擦拭施工處的灰塵。

用美工刀去除現有的矽利康，然後用油漆刷抹上底塗劑。

＊ 如果先抹上矽利康專用底塗劑，黏著力和耐久性更佳。由於臭味重，請戴口罩。

底塗劑乾了之後，塗上矽利康。

仔細用矽利康刮刀填補縫隙至平整。

＊ U 矽利康乾了的話，也可以上油漆。

+TIP 牆裂嚴重的話，使用 PU 發泡填縫劑

外牆牆裂嚴重的話，先噴打 PU 發泡填縫劑，然後再塗 PU 矽利康。

+plus　**外牆防水塗料**

用外牆防水噴劑就可以輕鬆塗層。適合噴在緊急情況或窗戶周圍等防水薄弱部分。

- 這是使用簡便的外牆防水噴劑。

- 在牆面完全乾燥的狀態下拭去灰塵，然後上下充分搖晃噴劑瓶身，混合後均勻噴灑。

- 這是灑水後的模樣。在噴上塗料的牆面（右），水滴凝結流下；在未噴塗料的牆面（左），水滲入牆裡。多噴2～3次，效果更佳。

Magic050

全方位房屋修繕指南

118 支影片＋文圖解說，搞定房屋疑難雜症不求人

作者｜姜泰雲

譯者｜賴姵瑜

美術設計｜許維玲

編輯｜劉曉甄

企畫統籌｜李橘

總編輯｜莫少閒

出版者｜朱雀文化事業有限公司

地址｜台北市基隆路二段 13-1 號 3 樓

電話｜ 02-2345-3868

傳真｜ 02-2345-3828

劃撥帳號｜ 19234566　朱雀文化事業有限公司

E-mail ｜ redbook@hibox.biz

網址｜ http://redbook.com.tw

總經銷｜大和書報圖書股份有限公司　（02）8990-2588

ISBN ｜ 978-626-7064-65-8

初版一刷｜ 2023.8

定價｜ 560 元

出版登記｜北市業字第 1403 號

國家圖書館出版品預行編目

全方位房屋修繕指南：118支影片+文圖解說，搞定房屋疑難雜症不求人／姜泰雲著；賴姵瑜譯. -- 初版. -- 臺北市：朱雀文化, 2023.08
面；公分 -- （Magic；050）
譯自：집수리 닥터 강쌤의 셀프 집수리
ISBN 978-626-7064-65-8（平裝）
1.CST: 房屋 2.CST: 建築物維修

422.9　　　　　　112012106

About 買書

●朱雀文化圖書在北中南各書店及誠品、金石堂、何嘉仁等連鎖書店均有販售，如欲購買本公司圖書，建議你直接詢問書店店員。如果書店已售完，請撥本公司電話 (02)2345-3868。

●●至朱雀文化蝦皮平台購書，請搜尋：朱雀文化書房（https://shp.ee/mseqgei），可享不同折扣優惠。

●●●至郵局劃撥（戶名：朱雀文化事業有限公司，帳號 19234566），掛號寄書不加郵資，4 本以下無折扣，5 ～ 9 本 95 折，10 本以上 9 折優惠。